Douglas Ferreira
Andres Papa
Ronaldo Menezes

Métodos de Física Estatística Aplicados à Sismologia

Douglas Ferreira
Andres Papa
Ronaldo Menezes

Métodos de Física Estatística Aplicados à Sismologia

Um estudo dos sismos do ponto de vista das redes complexas

ScienciaScripts

Imprint

Cover image: www.ingimage.com

This book is a translation from the original published under ISBN 978-3-659-85537-5.

Publisher:
Sciencia Scripts
is a trademark of
Dodo Books Indian Ocean Ltd. and OmniScriptum S.R.L publishing group

120 High Road, East Finchley, London, N2 9ED, United Kingdom
Str. Armeneasca 28/1, office 1, Chisinau MD-2012, Republic of Moldova, Europe
Managing Directors: Ieva Konstantinova, Victoria Ursu
info@omniscriptum.com

Printed at: see last page
ISBN: 978-620-8-51565-2

Índice:

Métodos de Física Estatística

Aplicados à Sismologia

Douglas Ferreira

Andrés Papa

Ronaldo Menezes

2016

RESUMO

O objetivo principal deste trabalho é a aplicação de teorias e métodos da física estatística e de sistemas complexos ao estudo de problemas sismológicos. Recolhemos décadas de dados de sismos em todo o mundo e construímos redes complexas de epicentros seguindo um modelo de construção em que os epicentros são ligados uns aos outros sucessivamente. Nesse modelo, as redes apresentam caraterísticas de *mundo pequeno*, mas a distribuição das conectividades parece seguir uma lei de potência com corte exponencial. Além disso, também construímos redes de epicentros utilizando dados de catálogos sintéticos que foram produzidos a partir de duas topologias diferentes do modelo OFC: uma regular e outra "*small-world*", em que, neste último caso, as ligações entre os sítios da *grelha* têm uma probabilidade p de serem religadas. Os resultados para a topologia "small-world" têm uma concordância notável com os resultados obtidos usando catálogos de sismos reais. Também realizámos estudos sobre distribuições de intervalos de tempo entre sismos consecutivos, onde surge a assinatura da Mecânica Estatística Não-Extensiva. Os nossos resultados apoiam a conjetura de que a Terra está num estado crítico e também reforçam a hipótese de correlações temporais e espaciais de longo alcance entre sismos.

Explicar toda a natureza é uma tarefa demasiado difícil para um só homem ou mesmo para uma só época. É muito melhor fazer um pouco com certeza e deixar o resto para os outros que virão depois de si, do que explicar todas as coisas por conjetura sem ter a certeza de nada.

(Isaac Newton)

CAPÍTULO 1
Introdução

1.1 Primeiras considerações

De entre os fenómenos naturais, os abalos sísmicos (também conhecidos como terramotos ou simplesmente sismos) são considerados como uma das catástrofes mais devastadoras, pelo número de danos à vida e à propriedade que originam. Há certos eventos sísmicos que provocam centenas de milhares de vítimas e a destruição das mesmas áreas pode atingir centenas de milhares de quilómetros quadrados.

O acontecimento conhecido como Terramoto de Lisboa de 1755, ocorrido a 1 de novembro de 1755 em Lisboa, é considerado por muitos como o maior fenómeno sísmico de que há registo pela quantidade de danos, devido às inúmeras consequências que surgiram após o abalo. Este abalo, aliado a um posterior tsunami (cujas ondas destruidoras foram observadas em Lisboa, na zona do Cabo de São Vicente, no Golfo de Cádis e a noroeste de Marrocos), que provocou a destruição quase total de Lisboa, afectou uma área de 3.000.000 km^2 e gerou o terrível registo de 10.000 a 90.000 mortos (desconhecendo-se os dados exactos), para além de um enorme impacto económico, político e social na sociedade portuguesa do século XVIII, dando origem aos primeiros estudos científicos sobre o efeito sísmico numa área, dando origem à moderna sismologia.

No período compreendido entre 2000 e 2012, registaram-se 11 sismos com magnitude m superior a 8,0 na escala de Richter: Sumatra-Indonésia em 04/2012 (m = 8,6), Japão em 03/2011 (m = 9,0), Chile em 02/2010 (m = 8,8), Ilhas Samoa em 09/2009 (m = 8,1), Sumatra-Indonésia em 09/2007 (m = 8,5), Ilhas Kuril em 11/2006 (m = 8.3), Sumatra-Indonésia em 03/2005 (m = 8,6), Sumatra-Indonésia em 12/2004 (m = 9,1), Japão em 09/2004 (m = 8,3), Japão em 11/2004, Peru em 06/2001 (m = 8,4), Papua-Nova Guiné em 11/2000 (m = 8,0). O número de mortes causadas por estes fenómenos sísmicos é superior a 330 mil pessoas[I] . Assim, no âmbito da compreensão da sismicidade, é imperativo que se proceda a uma análise científica sísmica adequada, de modo a avançar para uma melhor compreensão dos fenómenos sísmicos e, consequentemente, promover uma minimização das suas consequências.

[I]http://earthquake.usgs.gov/earthquakes/eqarchives/year/byyear.php

Em termos físicos, o conhecimento que se tem sobre a dinâmica envolvida no processo de produção de um sismo de origem tectónica, leva-nos à definição de que quando o material terrestre é sujeito a um nível de tensão que excede o seu limite elástico, esse material "fende". Quando este material se fissura em fratura frágil (de forma abrupta) tende a ocorrer um sismo. Como a litosfera é a única região da Terra capaz de ter um movimento diferencial de material de forma a que a tensão se acumule e ultrapasse o limite elástico do material e este se fissure em fratura frágil, os eventos sísmicos ocorrem apenas na litosfera, sendo mais comuns em zonas de fronteiras de placas tectónicas. Esta teoria, conhecida como teoria do ressalto elástico, reconhece que a deformação devida ao movimento diferencial entre dois blocos se acumula durante anos, até que o limite de resistência é atingido, conduzindo assim a uma fratura e a um subsequente deslocamento brusco e repentino do plano da falha (um ressalto), libertando a energia de deformação (que ficou retida no material) através de sismos. [1]

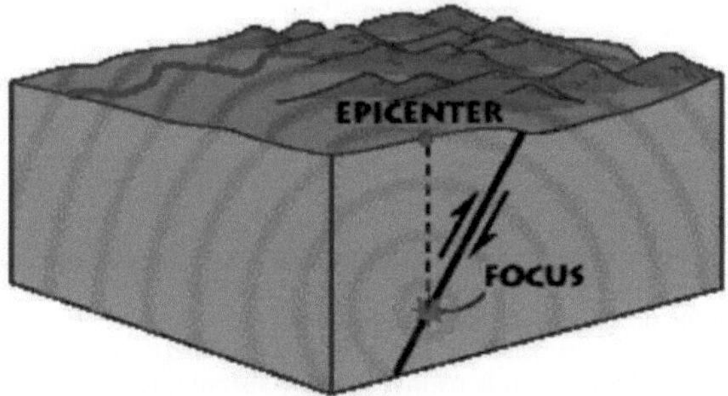

Figura 1.1: Ilustração de uma fratura numa região da litosfera com a consequente libertação de energia sob a forma de ondas sísmicas. Na figura estão representados o foco (ou hipocentro) e o epicentro do sismo (http://geomaps.wr.usgs.gov/parks/deform/geqepifoc1.html).

produzindo assim os abalos sísmicos. É de notar que, quanto mais longa for a parte da falha que é posta em movimento, maior é a libertação de energia e, consequentemente, maior é a intensidade do sismo. O ponto de emanação das ondas sísmicas é designado por hipocentro (ou foco) e a sua projeção sobre a superfície terrestre, por epicentro (Fig. 1.1).

A Fig. 1.2 mostra a distribuição espacial das regiões onde ocorreram 358.214 epicentros de sismos de 1963 a 1998 em todo o mundo.

Até à data, várias frentes de investigação em Sismologia têm sido utilizadas para diferentes fins, por exemplo: o estudo da estrutura do planeta, uma melhor compreensão do mecanismo tectónico global, o estudo das falhas geológicas, o estudo dos efeitos dos tsunamis, o estudo das várias fontes sísmicas (tectónicas, vulcânicas, atmosféricas, etc.), o estudo da

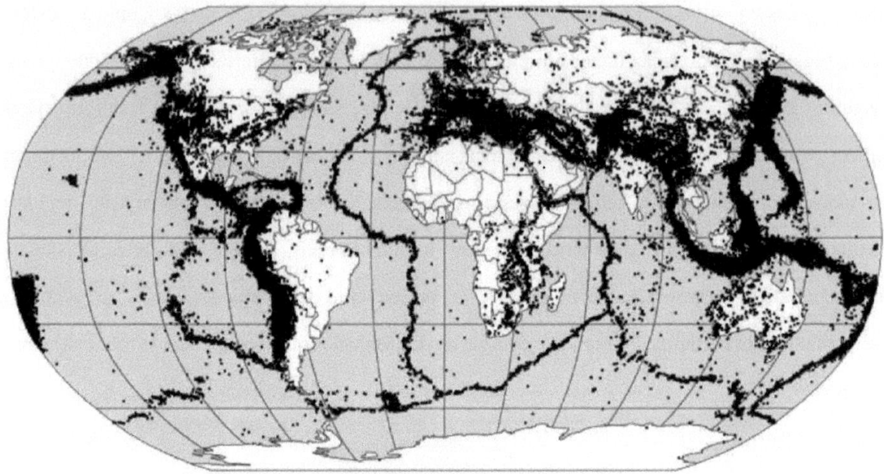

Figura 1.2: Distribuição espacial dos sismos entre os anos de 1963 e 1998, num total de 358 214 eventos.

causas e condições em que ocorrem os sismos, a prevenção no tempo e no espaço de danos e eventos, a distribuição dos eventos no globo terrestre, entre outros.

O objetivo do nosso trabalho assenta na investigação sismológica relacionada com as caraterísticas estatísticas dos fenómenos críticos, onde estas pesquisas são realizadas principalmente de duas formas: através da manipulação de dados reais obtidos em vários observatórios sismológicos espalhados pelo mundo e através da criação de modelos teóricos que reproduzem as caraterísticas sísmicas reais.

1.2 Motivação

Seguindo a tendência científica mundial, em que vários campos do conhecimento se têm expandido através da interação com outras áreas que convencionalmente não faziam parte do seu corpo de conhecimento, o presente ensaio preocupa-se em ligar pontas entre áreas, entre as quais se destacam: a física estatística, a geofísica e a informática.

A partir da análise de dados reais e de dados artificiais produzidos por modelos teóricos e computacionais, é possível visualizar o aparecimento de algumas caraterísticas de sistemas críticos auto-organizados (SOC), tais como distribuições de lei de potência, caraterísticas fractais como a invariância de escala espacial e temporal e expoentes críticos universais. Com o aparecimento de tais caraterísticas em diferentes distribuições de probabilidade para sismos (tais como distribuições de magnitude, intervalo de tempo entre eventos, diferença entre magnitudes de eventos, etc.) podemos contribuir para a compreensão de fenómenos sísmicos a partir do estudo de caracterizações estatísticas de tais eventos, onde estes fenómenos podem ser considerados como críticos.

1.3 Objectivos

Nesta obra, pretende-se contribuir para uma melhor compreensão do fenómeno sísmico através da aplicação de teorias de sistemas complexos em dados de catálogos reais obtidos em observatórios sismológicos e em dados de catálogos sintéticos produzidos a partir de modelos computacionais. Para atingir tais objectivos, o presente livro irá

? Construir redes de epicentros utilizando dados sismológicos de todo o mundo;

? Construir redes de epicentros sucessivos utilizando dados sintéticos produzidos a partir do modelo OFC com duas topologias diferentes: regular e *mundo pequeno*;

? Analisar as distribuições de probabilidade de sismos reais e sintéticos do ponto de vista da mecânica estatística não extensiva.

1.4 Estrutura e organização do livro

O presente capítulo (Capítulo 1) é uma introdução e uma panorâmica do livro.

O Capítulo 2 destaca a análise e a construção da primeira rede global de epicentros sucessivos na perspetiva das redes complexas, além de utilizar a mecânica estatística não extensiva para estudar, também de forma global, a distribuição dos intervalos de tempo entre sismos sucessivos. O artigo de referência para este capítulo foi publicado em Physica A: Statistical Mechanics and its Applications, 408 (2014) 170-180.

O Capítulo 4 refere-se a uma abordagem teórica e computacional da dinâmica sísmica utilizando um modelo simples (mas muito útil) de criticalidade auto-organizada conhecido como modelo OFC. Os resultados deste capítulo são comparados com os dados de catálogos de terramotos reais. O artigo de referência para este capítulo foi publicado em Physics Letters A, 379 (2015) 669-675.

Na conclusão final (Capítulo 5), apresentamos as conclusões deste livro e as perspectivas futuras de continuidade do trabalho.

CAPÍTULO 2

Pequeno quadro mundial de eventos sísmicos mundiais

Resumo

A compreensão das relações de longa distância entre actividades sísmicas tem sido, desde há muito, do interesse de sismólogos e geólogos. Neste trabalho utilizámos dados do catálogo mundial de sismos para o período entre 1972 e 2011 para gerar uma rede de locais em todo o mundo para sismos com magnitude m > 4.5 na escala de Richter. Após a construção da rede, analisámos os resultados sob dois pontos de vista. Em primeiro lugar, em contraste com trabalhos anteriores, que consideraram apenas pequenas áreas, mostrámos que o melhor ajuste para redes de eventos sísmicos não é uma lei de potência pura, mas uma lei de potência com corte exponencial; também descobrimos que a rede global apresenta propriedades de mundo pequeno. Em segundo lugar, descobrimos que os intervalos de tempo entre sismos sucessivos têm uma distribuição de probabilidade cumulativa bem ajustada por formas funcionais não tradicionais. As implicações dos nossos resultados são significativas porque parecem indicar que os sismos em todo o mundo não são independentes. Neste documento, fornecemos provas para apoiar este argumento.

2.1 Introdução

A crença geral na teoria sísmica é que a relação entre eventos que estão localizados a grande distância é difícil de ser compreendida/demonstrada. No entanto, vivemos hoje num mundo em que estão a ser recolhidos dados sobre a maioria dos aspectos da nossa vida e, melhor ainda, em que o poder dos computadores está disponível a baixo custo para analisar esses dados. Quando aplicamos o poder do computador aos dados, abrimos uma série de possibilidades para procurar padrões nos dados. O trabalho de análise de dados sísmicos não é diferente; dispomos atualmente de grandes colecções de milhões de eventos sísmicos de todo o mundo, cada um dos quais merece uma análise mais profunda. Neste documento, encontrámos alguns indícios que apontam para caraterísticas de mundo pequeno nos dados existentes sobre eventos sísmicos. Um evento num determinado local geográfico parece estar relacionado com muitos outros locais em todo o mundo e não apenas com outros eventos em locais próximos.

A capacidade de encontrar informações úteis a partir de dados não é nova e é vulgarmente conhecida como extração de dados. No entanto, desde o trabalho de Barabási e Albert [1], os investigadores têm-se concentrado não na extração dos dados em si, mas sim na organização dos dados numa rede que capta as relações entre os dados e só depois exploram a estrutura da rede e, consequentemente, as relações entre os dados. A rede pode rever padrões que não poderiam ser observados através da extração dos dados em bruto. A utilização de redes como um quadro para a compreensão de fenómenos naturais é atualmente designada por *Ciência das Redes*.

Nos últimos anos, algumas análises relacionadas com fenómenos sísmicos demonstraram que os sismos apresentam caraterísticas explicadas do ponto de vista da mecânica estatística não extensiva [2-6]. Estas redes apresentam caraterísticas complexas que podem ser melhor compreendidas estatisticamente usando a entropia de Tsallis [7]. Através da análise das distâncias e dos intervalos de tempo entre sismos sucessivos utilizando a mecânica estatística não extensiva, os autores verificaram que dois sismos sucessivos estão indivisivelmente correlacionados, independentemente da distância espacial entre eles [8].

De acordo com o modelo de terramotos sucessivos mencionado acima, estudos recentes [9,10] aplicaram conceitos de redes complexas para estudar a relação entre eventos sísmicos. Nestes estudos, as redes de locais geográficos são construídas escolhendo uma região do mundo (por exemplo, Irão, Califórnia) e o seu respetivo catálogo de sismos. A região é então dividida em pequenas células cúbicas, em que uma célula se tornará um nó da rede se nela tiver ocorrido um sismo. Duas células diferentes serão ligadas por uma aresta direcionada quando dois sismos sucessivos ocorrerem nessas células respectivas. Se ocorrerem dois sismos na mesma célula, temos um ciclo, ou seja, a célula está ligada a si própria. A Fig. 2.1 mostra um exemplo de formação de uma rede. Este método de descrição da complexidade dos fenómenos sísmicos revelou que, pelo menos em algumas regiões, as caraterísticas comuns das redes complexas (por exemplo, sem escala, mundo pequeno) estão presentes. No entanto, apesar da importância dos resultados, estes são de certa forma esperados, uma vez que faz sentido que as áreas localizadas geograficamente próximas umas das outras estejam correlacionadas.

Neste documento, utilizámos dados do catálogo mundial de sismos para o período entre 1972 e 2011, para gerar uma rede de locais em todo o mundo. Uma vez que apenas os eventos sísmicos com $m > 4,5$ são registados em todos os locais do mundo, consideramo-los *eventos significativos* e utilizámos este conjunto na nossa análise (todos os sismos com 4,5 ou mais na escala de Richter). Os resultados foram analisados sob dois pontos de vista. O primeiro, sob a perspetiva das teorias das redes complexas, e o segundo utilizando a mecânica estatística não extensiva.

2.2 Contexto teórico

2.2.1 Caraterísticas das redes complexas

As redes sem escala são definidas como aquelas em que a distribuição do grau dos nós (ou vértices) segue uma lei de potência, ou seja, a probabilidade de uma rede ter nós de grau k, denotada por P (k), é dada por onde γ é uma constante positiva.

$$P(k) \sim k^{-\gamma}, \qquad (2.1)$$

A Eq. 2.1 indica que as redes sem escala têm um número muito pequeno de nós altamente conectados (chamados hubs) e um grande número de nós com baixa conetividade. Essas redes existem em contraste com as redes aleatórias gerais com um número muito grande de nós, nas quais a distribuição de probabilidade segue uma distribuição de Poisson.

$$P(k) = \binom{N}{k} p^k (1-p)^{N-k} \simeq \frac{\langle k \rangle^k e^{-\langle k \rangle}}{k!}, \qquad (2.2)$$

em que N é o número de nós na rede e cada nó tem uma média de $\langle k \rangle$ ligações. Na Eq. 2.2, p representa a probabilidade de uma aresta estar presente na rede e pode ser demonstrada como sendo aproximadamente $\langle k \rangle / N$. As redes aleatórias têm boas propriedades, mas a verdade é que a maioria das redes reais não são aleatórias.

A definição de uma rede de mundo pequeno ainda não foi formalizada. Uma das melhores abordagens para a definição de redes de mundo pequeno é baseada no trabalho de Watts [11], que afirma que, em redes de mundo pequeno, cada nó está "próximo" de todos os outros nós da rede. É geralmente aceite que "próximo" se refere ao comprimento médio do caminho na rede, ℓ , que tem a mesma ordem de grandeza que o logaritmo do número de nós, ou seja,

$$\ell \sim \ln N. \qquad (2.3)$$

Além disso, e o que torna as redes small-world ainda mais interessantes é o facto de terem um elevado grau de agrupamento, o que representa uma transitividade na relação entre os nós; se um nó i tiver duas ligações, a teoria defende que as duas ligações também se "conhecem". Mais formalmente, o coeficiente de agrupamento, C_i, desse nó é dado por:

$$C_i = \frac{\Delta(i)}{\Delta_{all}(i)} \qquad (2.4)$$

em que $\Delta(i)$ é o número de triângulos direcionados formados por i com os seus vizinhos e $\Delta_{all}(i)$ é o número de todos os triângulos possíveis que i poderia formar com os seus vizinhos; o coeficiente de agrupamento de toda a rede, C, é apenas a média de todos os C_i sobre o número de nós na rede, N . Em redes aleatórias, o coeficiente de agrupamento pode ser estimado utilizando a forma fechada

$$C_{\text{rand}} = \frac{\langle k \rangle}{N}, \qquad (2.5)$$

onde $\langle k \rangle$ é o grau médio na rede aleatória.

Por último, é necessário compreender a relação destas duas caraterísticas com o mundo dos fenómenos sísmicos. Se uma rede de eventos sísmicos contém hubs, pode-se argumentar que a distribuição dos sismos também deve seguir uma lei de potência. Por outro lado, se a rede de eventos sísmicos tem propriedades de mundo pequeno, pode-se argumentar que há alguma indicação de relações de longo alcance entre locais de terramotos distantes.

2.2.2 Resumo sobre Mecânica Estatística Não-Extensiva

A mecânica estatística não extensiva é uma teoria introduzida para explicar muitos sistemas físicos em que a mecânica estatística tradicional de Boltzmann-Gibbs parece não se aplicar. Esta teoria pode explicar uma variedade de sistemas complexos com caraterísticas como a interação de longo alcance entre os seus elementos, a memória temporal de longo alcance, a evolução fractal do espaço de fases e certos tipos de dissipação de energia. Nestes casos, usamos a entropia de Tsallis [7], que é uma generalização da entropia de Boltzmann-Gibbs (definida mais adiante neste artigo). A entropia de Tsallis

A entropia é definida como:

$$S_q = K\frac{1 - \sum_{i=1}^{W} p_i^q}{q-1}, \qquad (2.6)$$

em que W é o número total de configurações possíveis, q é o índice entrópico, pi são as probabilidades associadas e K é uma constante positiva convencional. Esta entropia viola a propriedade da aditividade, ou seja, a entropia de todo o sistema pode ser maior ou menor do que a soma das entropias das suas partes. Por outras palavras, se tivermos um sistema composto por dois subsistemas estatisticamente independentes A e B,

$$S_q(A+B) = S_q(A) + S_q(B) + \frac{(1-q)}{K} S_q(A) S_q(B), \qquad (2.7)$$

onde podemos ver que q parece caraterizar classes de universalidade de não-aditividade.

Tomando o limite q $\rightarrow$ 1 na Eq. 2.6, obtém-se a entropia padrão de Boltzmann-Gibbs,. Sabe- $S = -K\sum_{i=1}^{W} p_i \ln p_i$ se também que, aplicando o princípio da máxima entropia à entropia de Tsallis, a distribuição de probabilidade obtida tem uma forma q-exponencial [12], $e_q(x)$, definida por,

$$e_q(x) = \begin{cases} [1+(1-q)x]^{1/(1-q)} & \text{if} \quad [1+(1-q)x] \geq 0 \\ 0 & \text{if} \quad [1+(1-q)x] < 0 \end{cases} \qquad (2.8)$$

A

função inversa da q-exponencial é a função q-logarítmica,

$$ln_q(x) = \frac{x^{1-q} - 1}{1 - q}, \tag{2.9}$$

No limite q→ 1, as Eqs. 2.8 e 2.9 obtêm as funções exponencial e logarítmica padrão, respetivamente.

2.3 Uma rede geográfica a partir de eventos sísmicos

A utilização de redes para compreender fenómenos associados a localizações geográficas tem sido utilizada em muitos casos na ciência, incluindo doenças [13], colaborações científicas [14, 15] e transplante de órgãos [16], para mencionar apenas alguns. A atividade sísmica está intrinsecamente ligada à geografia, uma vez que os instrumentos actuais permitem identificar com grande precisão o local do globo onde ocorre cada evento sísmico.

É importante localizar com precisão a localização geográfica de um acontecimento sísmico, mas se quisermos compreender as relações entre acontecimentos, devemos concentrar-nos na criação de uma rede em que as localizações estejam ligadas com base num critério aceitável. Neste trabalho, utilizamos o mesmo procedimento empregue por Abe e Suzuki [9] nos seus estudos de sismos em regiões específicas do mundo. A construção da rede é a seguinte. Primeiro temos que decidir o que deve representar os nós. Obviamente, a nossa primeira escolha são os locais onde ocorreu o terramoto. O problema é que o epicentro de um sismo raramente se situa exatamente no mesmo local e, dada a precisão dos instrumentos actuais, teríamos um número infinitamente grande de locais possíveis. Em vez disso, decidimos definir nós que representam uma região maior do mundo a que chamamos *célula*. Uma célula tornar-se-á um nó da rede se um sismo tiver o seu epicentro nessa célula. A criação de arestas segue uma ordem temporal de eventos sísmicos. Por exemplo, se ocorrer um sismo numa célula C1 e o sismo seguinte numa célula C2, assumimos uma relação entre C1 e C2 e representamos o evento através de uma aresta direcionada na rede. O processo continua ligando as células de acordo com a ordem temporal. A Fig. 2.1 descreve o processo utilizado para criar a rede a partir de eventos sísmicos. É importante notar que, se ocorrerem dois sismos sucessivos na mesma célula, este nó será ligado a si próprio através de uma auto-aresta ou de um laço.

O grau de cada nó (o número total das suas ligações) não é afetado pela direção da rede. A natureza da forma como a rede é construída significa que, para cada nó da rede, o seu indegree é igual ao seu out-degree (as excepções são apenas o primeiro e o último locais na sequência de eventos sísmicos, mas para todos os efeitos práticos podemos ignorar esta pequena diferença).

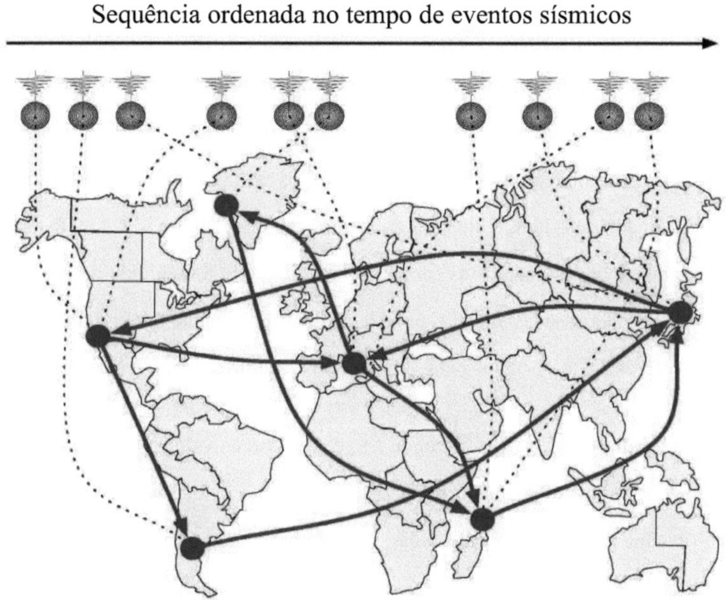

Figura 2.1: Um esboço de como a rede de eventos sísmicos é criada. No topo da figura, vemos uma sequência de eventos sísmicos ordenados no tempo. Uma vez que cada evento tem um epicentro E com localização (Θ_E , ϕ_E), podemos utilizar a Equação 2.10 para calcular qual a célula do mapa a utilizar como nó na rede. Os nós estão ligados com base na sequência de eventos mostrada na parte superior da imagem.

Embora a utilização da ordenação temporal dos eventos não seja nova no nosso trabalho, há duas diferenças principais entre o nosso estudo e outros. Primeiro e mais importante, a região considerada na nossa investigação é o globo inteiro, em vez de apenas uma subárea geográfica específica do globo; este é, tanto quanto sabemos, o primeiro estudo mundial de eventos sísmicos utilizando redes e, consequentemente, o primeiro a investigar a possibilidade de ligações de longo alcance entre eventos sísmicos. Em segundo lugar, utilizámos um modelo bidimensional em que a dimensão da profundidade do epicentro do sismo não é considerada, uma vez que estamos interessados em procurar ligações espaciais entre diferentes regiões do mundo e, além disso, 82% dos sismos, no nosso conjunto de dados, têm os seus hipocentros a uma profundidade inferior ou igual a 100 km.

Antes de dividirmos o globo em células, temos de escolher o tamanho dessas células, sobretudo porque estamos a lidar com todo o globo; se as células forem demasiado pequenas, não teremos qualquer informação útil na rede, se as células forem grandes, perdemos informação devido ao agrupamento de eventos num único nó da rede. Não existem regras para definir os tamanhos. Assim, adoptámos três tamanhos diferentes, os mesmos tamanhos utilizados em estudos anteriores [9, 17], onde os autores realizaram estudos sobre redes de sismos utilizando dados da Califórnia, Chile e Japão. As células quadráticas têm, 5 km x 5 km, 10 km x 10 km e 20 km x 20 km. Para a criação das células ao redor do globo, utilizamos as coordenadas de latitude e longitude de cada epicentro em relação à origem das coordenadas, ou seja, onde tanto a latitude quanto a longitude são iguais a zero (escolhemos o referencial na origem para simplificar). Assim, se um evento sísmico ocorre com epicentro E com localização (θ_E, ϕ_E), onde θ_E e ϕ_E são os valores de latitude e longitude em radianos do epicentro, podemos encontrar as distâncias norte-sul e este-oeste entre este ponto e a origem. Estas distâncias podem ser calculadas, considerando a aproximação esférica para a Terra, por:

$$S_E^{ns} = R.\theta_E \qquad (2.10)$$
$$S_E^{ew} = R.\phi_E.\cos\theta_E,$$

onde S_E^{ns} e S_E^{ew} são, respetivamente, as distâncias norte-sul e este-oeste para o sismo E, e R é o raio da Terra, considerado igual a 6,371 x 10^3 km. Com este cálculo, podemos identificar a célula na rede para cada evento usando os valores de S_E^{ns} e S_E^{ew}.

Note-se que as distâncias entre as diferentes células são irrelevantes para a parte atual do nosso estudo. Neste momento, estamos apenas interessados na conetividade dos nós. No entanto, a partir da sequência há consequências importantes a obter, que apresentamos de seguida.

Os dados sísmicos utilizados para construir a nossa rede foram retirados do Catálogo Global de Sismos, fornecido pelo U.S Geological Survey (USGS), especificamente no Advanced National Seismic System[2] , que regista eventos de todo o globo. Os dados abrangem todos os eventos sísmicos entre o período de 1 de janeiro de 1972 e 31 de dezembro de 2011. Este catálogo tem uma limitação porque não é consistente em todas as regiões do mundo; inclui eventos de todas as magnitudes para os Estados Unidos da América mas apenas eventos com m $\geq$ 4.5 (na escala de Richter) para o resto do mundo (a menos que tenham recebido informação específica de que o evento foi sentido ou causou danos). Assim, de forma a obter uma distribuição mais homogénea dos dados pelo mundo, analisámos apenas os eventos com m $\geq$ 4.5. Considerámos nos nossos dados as magnitudes Mb, ML, Ms e Mw, mas excluímos os dados que representam eventos sísmicos artificiais ("explosões em pedreiras" e explosões nucleares). No final, ficámos com 185 747 eventos, dos quais 82% ocorrem perto da superfície do mundo (profundidade $\leq$ 100 km).

2.4 Resultados

Tendo em conta a construção da rede descrita na secção 2.3, realizámos algumas experiências para compreender a sua estrutura. Seguindo o procedimento descrito na Fig. 2.1, os 185 747 sismos deram origem a três redes diferentes, consoante o tamanho utilizado para as células. A Tabela 2.1 apresenta os tamanhos das três redes.

[2]http://quake.geo.berkeley.edu/anss

Quadro 2.1: Foram criadas três redes a partir de 185 747 eventos sísmicos do nosso conjunto de dados. N representa o número de nós e M representa o número de arestas. Uma vez que temos uma rede construída a partir de eventos sísmicos consecutivos, o número de arestas, M, é sempre inferior ao número de eventos.

Rede	N	M
20 km X 20 km	65 355	185 746
10km X 10km	104 516	185 746
5 km X 5 km	144 974	185 746

2.4.1 Propriedade sem escala da rede sísmica

Foi demonstrado recentemente [8, 17] que as redes sísmicas para regiões específicas do globo (por exemplo, a Califórnia) parecem ter propriedades sem escala, ou, por outras palavras, que a construção da rede emprega a ligação preferencial descrita por [1], na medida em que um nó adicionado à rede tem uma maior probabilidade de estar ligado a um nó existente que já tenha um grande número de ligações. Isto é algo trivial de compreender porque os locais activos no mundo tendem a aparecer muitas vezes na sequência temporal dos eventos sísmicos. A ligação preferencial estabelece que a probabilidade P de um novo nó i ser ligado a um nó existente j depende do grau deg(j) do nó j, ou seja, $P(i \to j) = \deg(j)/\sum_u \deg(u)$. Esta regra gera um comportamento sem escala cuja distribuição de conetividade segue uma lei de potência com um expoente negativo, como mostra a Eq. 2.1.

Em [8, 17], foram construídas redes sísmicas para algumas regiões específicas (Califórnia, Chile e Japão) e verificou-se que as suas distribuições de conetividade seguem leis de potência. No entanto, se olharmos cuidadosamente para a distribuição da conetividade e traçarmos a sua probabilidade acumulada, em vez da sua densidade de probabilidade, podemos observar que as distribuições de lei de potência que emergem destas redes são truncadas. De acordo com [18], existem pelo menos duas classes de factores que podem afetar a ligação preferencial e, consequentemente, a distribuição de graus sem escala: o envelhecimento dos nós e o custo de adicionar ligações aos nós (ou a capacidade limitada de um nó). O efeito de envelhecimento significa que mesmo um nó altamente ligado pode, eventualmente, deixar de receber novas ligações, como acontece normalmente nas redes de colaboração científica [19], em que os cientistas com o tempo deixam de formar novas colaborações, talvez devido à reforma ou porque já estão satisfeitos com o número de colaboradores que têm. A presença de um efeito semelhante ao do envelhecimento no nosso trabalho poderia ser esperada pelo facto de os tempos de relaxamento para a tectónica serem muito mais longos do que o intervalo de tempo em estudo; algumas células podem deixar de receber novas ligações durante um período de tempo comparável à nossa janela temporal por um período de silêncio temporal devido a uma acumulação transitória de stress. O segundo fator que afecta a ligação preferencial ocorre quando o número de ligações possíveis a um nó é limitado por factores físicos ou quando esse nó tem, por qualquer razão, uma capacidade limitada para receber ligações, como numa rede de aeroportos mundiais. Não encontrámos um paralelo adequado a este fator no caso dos sismos. Estes factores impõem uma restrição à ligação preferencial e à sua distribuição de lei de potência. Quando qualquer um destes factores está presente, a distribuição é melhor representada por uma lei de potência com um corte exponencial, em que α e k_c são constantes.

$$P(k) \sim k^{-\alpha} e^{-k/k_c}, \qquad (2.11)$$

Na Fig. 2.2(a), traça-se a distribuição de probabilidade acumulada para a rede sísmica construída para o Sul da Califórnia (32° N - 37° N e 114° W - 122° W), utilizando o catálogo de dados fornecido pelo Advanced National Seismic System, onde se consideraram todos os sismos com magnitude m > 0 para o período entre 1 de janeiro de 2002 e 31 de dezembro de 2011. O número total de eventos é de 147 435. É possível observar neste gráfico que os dados se ajustam melhor a uma lei de potência com corte exponencial do que a uma lei de potência pura que é um bom ajuste apenas para pequenos valores de k com um expoente γ - 1 = 0.513, o que é consistente com o valor γ = 1.5 reportado em [8] para a função densidade de probabilidade. Estes resultados aplicam-se a uma rede construída com células de 5 km x 5 km. É de notar que num gráfico de densidade de probabilidade, o ponto de corte parece não existir, porque as flutuações são maiores do que num gráfico de probabilidade cumulativa. Aqui salientamos que para pequenas magnitudes (m < 2.5), a distribuição da magnitude não segue a lei de Gutember-Richter, mas uma distribuição *q-exponencial* [5]. Assim, traçamos também a distribuição de probabilidade cumulativa para o Sul da Califórnia considerando apenas sismos com m $\geq$ 2.5, para o período entre 1 de janeiro de 1972 e 31 de dezembro de 2011, o que nos dá um número total de eventos igual a 50 847, como se mostra na Fig. 2.2(b). É interessante notar que em ambos os casos temos um melhor ajuste para uma lei de potência com corte exponencial do que para uma lei de potência pura ± 0,001 e kc = -390 ± 3.

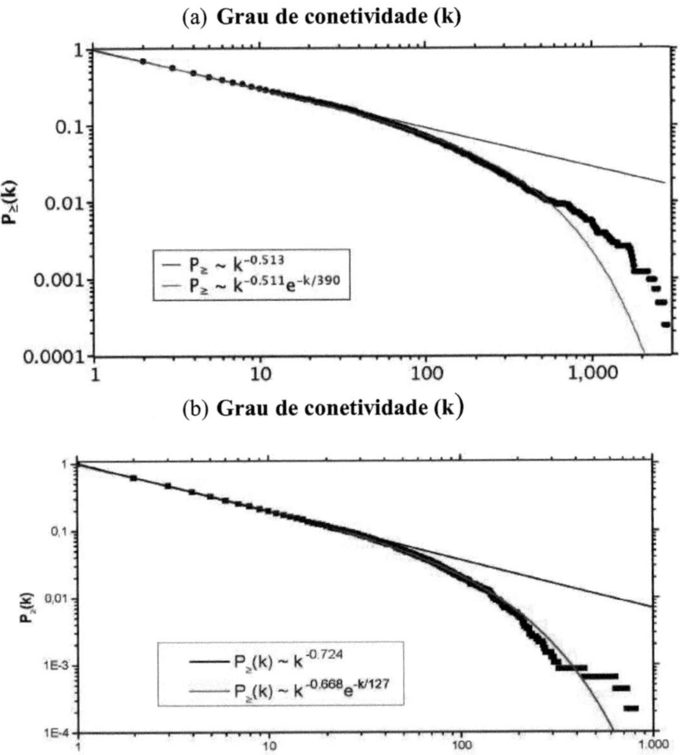

Figura 2.2: Distribuição cumulativa da probabilidade de conetividade para a rede sísmica na Califórnia utilizando células de tamanho 5 km x 5 km. As linhas sólidas representam dois ajustes possíveis: uma lei de potência (preto) e uma lei de potência com corte exponencial (vermelho). (a)

Para o período entre 1 de janeiro de 2002 e 31 de dezembro de 2011. O melhor ajuste é para uma lei de potência com corte exponencial com α = -0,511 Há 4 187 nós nesta rede. (b) Considerando apenas os sismos com m $\geq$ 2.5, para o período entre 1 de janeiro de 1972 e 31 de dezembro de 2011. Existem 4 646 nós nesta rede. O melhor ajuste é para uma lei de potência com corte exponencial com α = -0,668 ± 0,001 e kc = -127 ± 1.

Antes de construirmos a rede para todo o mundo, verificámos se a distribuição da magnitude dos eventos sísmicos nos nossos dados tem o comportamento esperado. A lei de Gutenberg-Richter dá a taxa de ocorrência de sismos com magnitude maior ou igual a m,

$$F_{\geq}(m) = 10^{a-b.m}, \qquad (2.12)$$

em que $F_{\geq}$ é o número de sismos com magnitude maior ou igual a m e a e b são constantes.

Como descrito em [5], esta equação apresenta problemas apenas para pequenos valores de magnitude. Uma vez que para o globo estamos a usar dados com $m \geq$ 4.5, espera-se que os nossos dados de magnitude tenham uma boa concordância com a lei de Gutenberg-Richter. Esta concordância é mostrada na Fig. 2.3, que dá a distribuição cumulativa das magnitudes e, usando a abordagem da máxima verosimilhança, encontrámos b = -1,048 ± 0,002 (também calculámos este *valor de b* pelo método dos mínimos quadrados ponderados, que dá b = -1,139 ± 0,011).
Olhando para a rede mundial de sismos construída utilizando os dados descritos na Secção 2.3, notamos que o efeito do custo do envelhecimento é visivelmente mais forte na distribuição da conetividade; o corte exponencial é claramente visível tanto na distribuição de graus como na distribuição cumulativa de graus apresentada na Fig. 2.4.

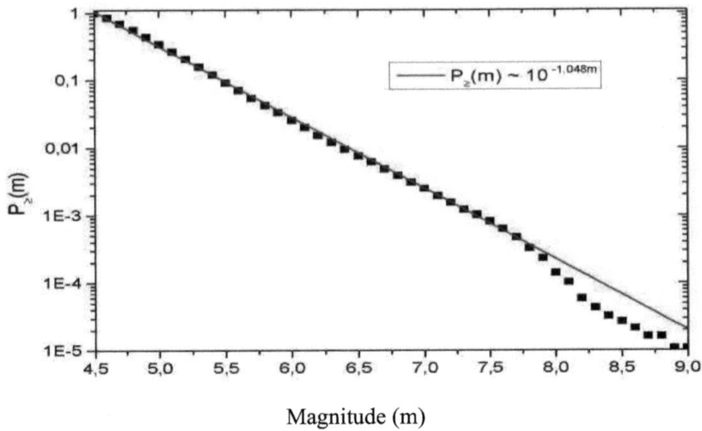

Figura 2.3: Gráfico log-linear para a distribuição de probabilidade cumulativa da magnitude dos sismos para os dados utilizados neste trabalho. O parâmetro b da lei de Gutenberg-Richter (GR), tem o valor -1,048 ± 0,002, que foi calculado através do método da máxima verosimilhança.

A Fig. 2.4(a) representa a distribuição de conetividade para as redes globais usando os três tamanhos diferentes de células para a rede global. É interessante notar que, comparando estes gráficos, observamos que o comportamento é o mesmo nos três casos (no sentido em que apresentam uma lei de potência com um corte exponencial), o que indica que o tamanho da célula não altera as caraterísticas complexas subjacentes aos fenómenos sísmicos globais.

Na Fig. 2.4 (b), temos o mesmo gráfico da Fig. 2.4 (a), mas usando a probabilidade cumulativa apenas para tamanhos de célula de 20 km x 20 km. Observe que o gráfico de probabilidade cumulativa para a rede global mostra o mesmo comportamento de corte exponencial do que para a rede local, como mostrado na Fig. 2.2.

É de salientar que, para mostrar a consistência dos nossos resultados, efectuámos dois testes na nossa rede global de epicentros. Em primeiro lugar, para verificar se o valor que considerámos como limiar inferior de magnitude (4.5, na escala de Richter) é satisfatório, fizemos a mesma análise nas distribuições de conetividade utilizando diferentes limiares de magnitude para o globo. Os intervalos de magnitude considerados foram $m \geq 4.5$, $m \geq 5.0$ e $m \geq 5.5$, sendo que o número de nós da rede em cada caso é de 65 355, 30 763 e 11 887, respetivamente.

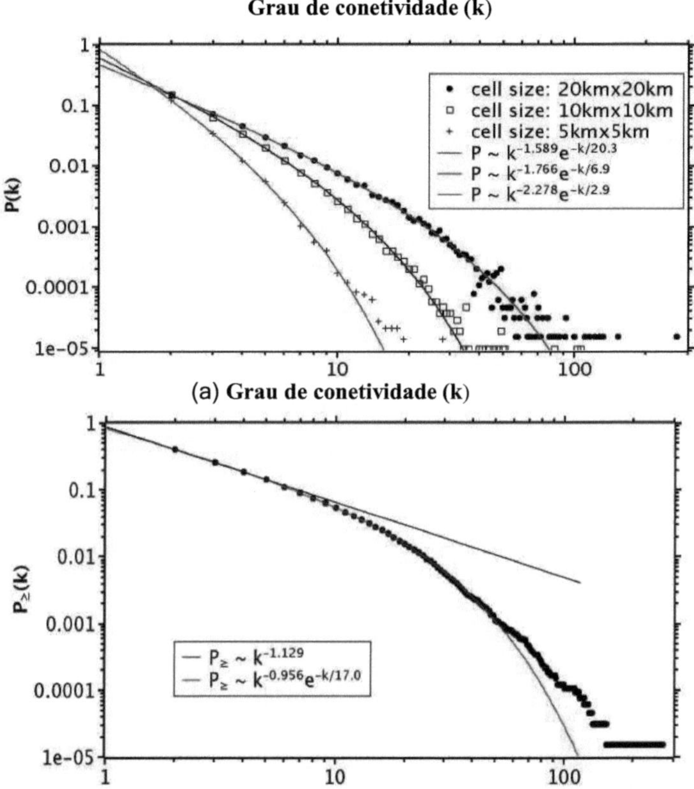

Figura 2.4: Distribuições de conetividade na rede global de terramotos. (a) Gráfico para os tamanhos de célula 20 km X 20 km (círculos sólidos), 10 km x 10 km (quadrados) e 5 km x 5 km (cruz), onde as linhas sólidas representam o melhor ajuste usando lei de potência com corte exponencial. (b) Probabilidade acumulada para a dimensão da célula 20 km x 20 km. As linhas sólidas representam uma lei de potência padrão (preto) e uma lei de potência com corte exponencial (vermelho). O melhor ajuste é a lei de potência com corte exponencial com α = -0,956 ± 0,001 e kc = -17,0 ± 0,1.

Como se pode ver na Fig. 2.5(a), em todos os casos as distribuições apresentaram comportamentos semelhantes aos da Fig. 2.4, ou seja, uma lei de potência com corte exponencial. Em segundo lugar, verificamos se as deficiências tecnológicas nos anos 70 e início dos anos 80, no que diz respeito à deteção de sismos, têm uma influência relevante nos nossos resultados. Para isso, traçamos a distribuição de conetividade usando apenas dados sísmicos entre 1987 e 2011, para o intervalo de magnitude $m \geq 5.5$ (o número de nós nessa rede é 8 112). Observando a Fig. 2.5(b) é possível notar que ainda temos uma lei de potência com comportamento de corte exponencial.

2.4.2 Propriedade da Rede Sísmica Global no mundo pequeno

As redes de mundo pequeno [11] têm a caraterística geral de conterem grupos de quase-cliques (áreas densas de conetividade), mas longos saltos entre essas áreas (ou seja, pontes). Estas duas propriedades conduzem a uma rede em que o *caminho mais curto médio* é muito pequeno e o *coeficiente de agrupamento* muito elevado. É importante notar que o termo "*caminho mais curto médio*" não se refere a uma distância espacial, mas ao número de "passos" na rede para passar de um nó para outro.

Neste caso, gostaríamos de testar se a rede sísmica global tem propriedades de mundo pequeno.

(a) Grau de conetividade (k)

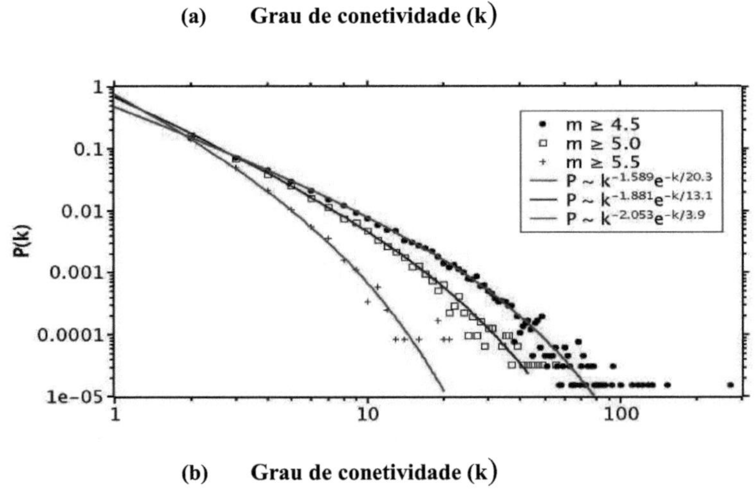

(b) Grau de conetividade (k)

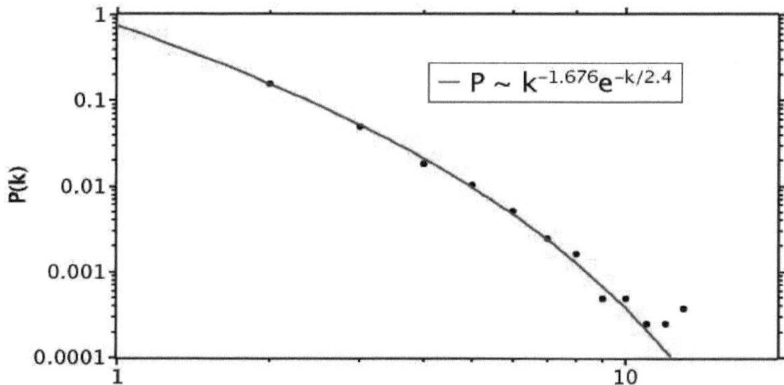

Figura 2.5: Distribuições de conetividade na rede global de terramotos usando o tamanho de célula 20 km x 20 km. (a) Gráfico para m $\geq$ 4.5 (círculos sólidos), m $\geq$ 5.0 (quadrados) e m $\geq$ 5.5 (cruz), em que os dados abrangem o intervalo de tempo entre 1972 e 2011. As linhas sólidas representam o melhor ajuste usando a lei de potência com corte exponencial. (b) Gráfico para m $\geq$ 5.5 utilizando dados entre os anos de 1987 e 2011. A linha sólida representa uma lei de potência com corte exponencial.

A consequência de tal constatação seria uma indicação de que os fenómenos sísmicos em todo o mundo estão correlacionados e não são independentes. Para estudar estas propriedades, precisamos de introduzir ligeiras alterações na nossa rede original. A primeira é que os loops têm de ser removidos, uma vez que estamos a procurar correlações entre nós e isso só faz sentido quando esses nós são diferentes. A segunda alteração é o facto de passarmos de uma rede com caraterísticas multi-gráficas para uma rede ponderada. Ou seja, se dois nós estiverem ligados por w arestas na rede original, estarão ligados por uma única aresta com peso w na nova versão da rede.

Analisámos a rede sísmica para o mundo inteiro sob dois pontos de vista: dirigido e não dirigido. O tamanho da célula utilizada nesta construção foi de 20 km x 20 km. Os dados utilizados foram os mesmos que os descritos na Secção 2.3. A Tabela 2.2 mostra os resultados obtidos para o coeficiente de agrupamento (C) [20] e o comprimento médio do caminho (ℓ) [21].

A partir da Tabela 2.2, notamos que ambas as versões da rede sísmica têm propriedades de mundo pequeno; o coeficiente de agrupamento é muito mais elevado do que um equivalente para uma rede aleatória, e o comprimento médio do caminho tem a mesma ordem de grandeza que o logaritmo do número de nós. Vale a pena notar que as redes sísmicas regionais construídas para a Califórnia, Japão e Chile também são de mundo pequeno [8, 17] embora a importância do mundo pequeno a nível global seja maior porque com estes resultados mundiais temos um indicativo de relações de longo alcance entre diferentes lugares em todo o mundo.

Tabela 2.2: Resultados para o coeficiente de agrupamento (C) em comparação com o coeficiente de agrupamento de uma rede aleatória da mesma dimensão (Crand) e o comprimento médio do trajeto $\langle \ell \rangle$ em comparação com ln N, em que N é 65 355 numa rede com uma dimensão de célula de 20 km x 20 km.

Rede	C	Crand	ℓ	lnN
Dirigido	7.0×10^{-3}	4.2×10^{-5}	17.19	11.08
Não direcionado	4.2×10^{-2}	4.2×10^{-5}	12.24	11.08

2.4.3 Intervalo de tempo entre eventos sísmicos sucessivos

Também estudámos a relação entre as diferentes regiões do mundo sob outro ponto de vista, que se baseia na análise dos intervalos de tempo entre os sucessivos sismos na nossa rede global.

Estudos anteriores concluíram que a distribuição de probabilidade dos intervalos de tempo entre eventos sísmicos sucessivos em pequenas áreas do mundo (por exemplo, Califórnia e Japão) pode ser bem descrita pela mecânica estatística não extensiva [2,3,22-25]. Verificaremos nesta secção se estas caraterísticas ainda estão presentes quando olhamos para o mundo inteiro.

Em [3], os autores usam conceitos da mecânica estatística não extensiva para mostrar que a distribuição de probabilidade cumulativa, $P_{\geq}$, para o intervalo de tempo entre terramotos sucessivos na Califórnia e no Japão segue uma q-exponencial,

$$P_{\geq}(\Delta t) = e_q(-\beta \Delta t), \qquad (2.13)$$

em que, Δt é o intervalo de tempo entre acontecimentos sucessivos e ß é um valor positivo.

A partir das Eqs. 2.8 e 2.13 , é possível ver que, se q > 1, quando $\Delta t \gg [\beta(1-q)]^{-1}$, a distribuição cumulativa representada na Eq. 2.13 se aproxima de uma lei de potência dada por, .

$$P_{\geq}(\Delta t) \sim \Delta t^{1/(1-q)}$$

Além disso, a partir da Eq. 2.9, se tomarmos o lnq em ambos os lados na Eq. 2.13,

$$ln_q(P_{\geq}(\Delta t)) = -\beta \Delta t, \quad \textbf{(2.14)}$$

podemos observar que o q-logarítmico de $P_{\geq}(\Delta t)$ é linear com Δt com um declive -*β*.

Tomando os dados mundiais da Secção 2.3, traçámos a distribuição de probabilidade cumulativa para o intervalo de tempo entre sismos sucessivos e verificámos que esta distribuição se ajusta bem. A distribuição cumulativa é calculada por uma exponencial q, indicando que o comportamento não extensivo também está presente quando olhamos para os eventos sísmicos de uma perspetiva global. A Fig. 2.6(a) mostra a distribuição cumulativa num gráfico log-log, em que o histograma foi feito usando bins de tamanho igual a 10 segundos. Na Fig. 2.6(b) temos a mesma distribuição num gráfico log-linear q, em que o melhor valor de q foi encontrado analisando os valores dos coeficientes de correlação, como se mostra na inserção da Fig. 2.6(b). Observamos aqui que, ao contrário dos nossos estudos de conetividade, que não são afectados pela escolha de um limiar (o número de ligações de cada célula no subconjunto em consideração não é afetado pela ocorrência de sismos abaixo do limiar), o nosso estudo sobre os tempos entre sismos consecutivos pode ser afetado por estas ocorrências. Através do limiar, estamos a favorecer tempos mais longos em detrimento de intervalos de tempo mais curtos. Neste sentido, o declive na Fig. 2.6 (b) deve ser considerado um limite superior para o valor real. Uma situação semelhante é observada nas inversões geomagnéticas, em que alguns crons curtos podem ser experimentalmente ignorados. Em todo o caso, esta questão merece uma atenção exclusiva e os resultados da nossa investigação sobre ela aparecerão noutro local.

Os resultados apresentados nesta secção são interessantes porque apoiam a ideia de que existem ligações entre redes sem escala e
mecânica não-extensiva, como proposto anteriormente [26, 27].

2.5 Conclusões

A utilização de redes para modelar e estudar as relações entre eventos sísmicos foi utilizada no passado para pequenas áreas do globo. Aqui demonstramos que técnicas semelhantes podem também ser utilizadas a nível global. Mais importante ainda, muitas das técnicas utilizadas na análise de redes complexas foram aqui utilizadas para mostrar que parecem existir relações de longa distância entre os fenómenos sísmicos, o que é um resultado novo e que não é possível retirar dos estudos anteriores para pequenas áreas do globo.

Argumentámos a favor da hipótese da relação de longa distância, mostrando que a rede tem caraterísticas de mundo pequeno. Dadas as caraterísticas de mundo pequeno, como a elevada concentração e o baixo comprimento médio do caminho, pudemos argumentar que os sismos em todo o mundo parecem não ser independentes uns dos outros. Para reforçar este argumento, decidimos fazer uma análise temporal da nossa rede. Traçando a distribuição de probabilidade para os intervalos de tempo entre sismos sucessivos, verificámos que esta distribuição é bem ajustada por uma q-exponencial, indicando um comportamento descrito pela me-cânica estatística não extensiva, que obtém distribuições q-exponenciais a partir da entropia de Tsallis generalizada. Este comportamento não-extensivo também contribui para a hipótese da relação de longa distância, uma vez que a estatística não-extensiva tem sido usada para explicar muitos sistemas complexos com interações de longo alcance e memória temporal de longo alcance. Além disso, os nossos resultados contribuem para a conjetura das ligações entre as redes sem escala e a mecânica estatística não extensiva.

Outra abordagem interessante que pretendemos fazer no futuro diz respeito à utilização da análise ou deteção de comunidades para compreender como as localizações sísmicas estão agrupadas e a correlação destes grupos com áreas activas de eventos sísmicos em todo o mundo.

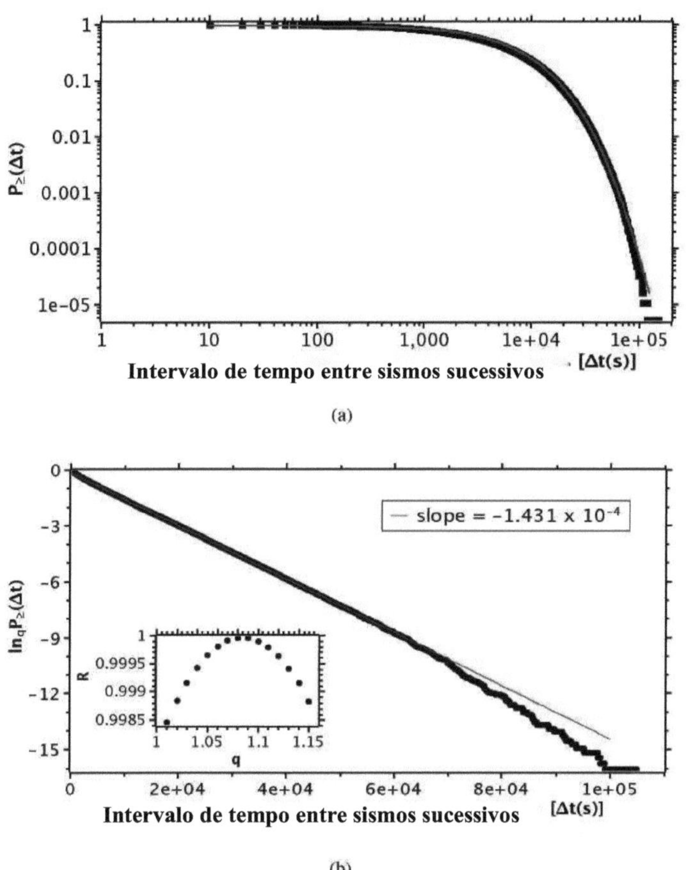

Figura 2.6: Distribuição cumulativa dos intervalos de tempo entre sismos sucessivos com m $\geq$ 4,5 em todo o mundo. (a) Gráfico *log-log*. A linha vermelha sólida representa uma exponencial q com ß = 1,431 X 10^{-4} e q = 1,08. (b) Gráfico *qlog-lin*, em que os pontos pretos representam os dados e a linha reta vermelha representa o melhor ajuste utilizando a Eq. 2.14. O declive deste gráfico dá ß = 1,431 X 10^{-4} ± 1 X 10 s^{-7-1} . Figura: coeficiente de correlação linear para alguns valores de q. O melhor ajuste é obtido com q = 1,08.

2.6 Agradecimentos

Os autores são gratos a dois pareceristas anónimos cujos comentários e críticas contribuíram grandemente para melhorar a apresentação final deste trabalho. D.S.R.F agradece à Fundação Capes, Ministério da Educação do Brasil, pela bolsa de estudos no âmbito do processo BEX 13748/12-2. A.R.R.P agradece ao CNPq (Fundação Brasileira de Ciência) pela bolsa de produtividade.

CAPÍTULO 3

Sobre a concordância entre o modelo OFC do tipo mundo pequeno e os sismos reais

Resumo

Neste artigo implementámos simulações do modelo OFC para sismos para duas topologias diferentes: regular e small-world, sendo que nesta última as ligações são religadas aleatoriamente com probabilidade p . Em ambas as topologias, estudámos a distribuição dos intervalos de tempo entre sismos consecutivos e os efeitos de fronteira presentes em cada um deles.

Para além disso, caracterizámos também a influência que a probabilidade p produz em certas caraterísticas da rede e na intensidade dos efeitos de fronteira. A partir das duas topologias, foram construídas redes de epicentros consecutivos, que nos permitiram analisar a distribuição de conectividades de cada um deles. Nos nossos resultados surgem distribuições pertencentes a uma família de funções de distribuição não tradicionais, o que concorda com estudos anteriores utilizando dados de sismos reais. Os nossos resultados reforçam a ideia de que a Terra se encontra num estado crítico de auto-organização e, além disso, apontam para correlações temporais e espaciais entre sismos em diferentes locais.

3.1 Introdução

O conceito de criticalidade auto-organizada (SOC), originalmente apresentado por P. Bak, C. Tang e K. Wiesenfeld [1] e amplamente utilizado na física estatística, refere-se, em geral, à propriedade que uma grande classe de sistemas dinâmicos tem de se organizar espontaneamente num estado crítico dinâmico sem a necessidade de qualquer ajuste fino de algum parâmetro de controlo externo. Uma assinatura da criticalidade auto-organizada num sistema é a invariância das escalas temporal e espacial, observada por distribuições de lei de potência e escalas de tamanho finito.

Tendo em conta as caraterísticas acima referidas, o conceito de SOC tem sido utilizado em vários domínios da ciência, como a neurobiologia [2], a economia [3], a física dos plasmas [4] e a geofísica [5], entre muitos outros.

No domínio da geofísica, um dos métodos mais utilizados pela física estatística em estudos sismológicos é a análise das propriedades estatísticas dos sismos. Dois resultados empíricos amplamente conhecidos obtidos através destas análises são: a lei de Gutenberg-Richter para a distribuição das dimensões dos sismos [6], e a lei de Omori para a evolução temporal da frequência de réplicas [7]. Uma propriedade importante destas duas distribuições observadas, e também de outras distribuições relativas a sismos, é que elas são caracterizadas por leis de potência. Assim, a hipótese de que a crosta terrestre se encontra num estado crítico e se comporta como um sistema complexo auto-organizado surge como uma possível explicação para a ocorrência das ligações espácio-temporais de longo alcance presentes na dinâmica dos sismos, dado que num sistema auto-organizado a ocorrência de sincronização parcial dos elementos leva à criação de relações de longo alcance.

Apesar de todo o conhecimento existente sobre a produção de ondas sísmicas através de deslizamentos em falhas, muito há ainda a descobrir sobre a dinâmica responsável por esses deslizamentos. Um passo fundamental para aprofundar este conhecimento é o estudo, análise e modelação das distribuições sísmicas no espaço e no tempo. Seguindo esta linha de raciocínio, vários modelos que incorporam caraterísticas do SOC têm sido utilizados para reproduzir propriedades encontradas em sismos, entre os quais se destaca o modelo desenvolvido por Olami, Feder e Christensen (conhecido como modelo OFC), que tem desempenhado um papel importante no estudo fenomenológico dos sismos, pois apesar de ser um dos modelos mais simples do universo dos modelos críticos auto-organizados (embora exista alguma controvérsia quanto à sua criticalidade auto-organizada [8, 9]), apresenta uma fenomenologia semelhante à encontrada em sismos reais, com resultados satisfatórios na reprodução de distribuições como a lei de Gutenberg-Richter e a lei de Omori [10, 11].

O modelo OFC com topologia regular e condições de fronteira *abertas* apresenta uma inomogeneidade em relação à fronteira da malha, proveniente do facto de as maiores avalanches do sistema serem causadas a partir de locais situados junto às fronteiras [12-14], o que fará com que o número de vezes que um local se torna epicentro varie em função da proximidade desse local em relação à fronteira da malha, ocorrendo com maior frequência em locais situados mais próximos das fronteiras. Este *efeito de fronteira*, como já foi referido [14], vai influenciar diretamente a análise do modelo OFC, pelo que será importante saber como é que este efeito se estende pela estrutura.

Nos últimos anos, vários estudos têm apontado para uma possível correlação espacial e temporal de longo alcance entre sismos [15-19]. Assim, podemos entender que quando ocorre um evento sísmico, este evento pode induzir uma redistribuição de tensões através da crosta terrestre de tal forma que provocaria outros eventos sísmicos não só em tempos e locais próximos, mas também em tempos e locais distantes. Para introduzir esta linha de raciocínio no modelo OFC, foi proposta em [20] uma topologia diferente para a rede, designada *por topologia de mundo pequeno*, em que uma fração das ligações é religada aleatoriamente entre diferentes locais da rede, simulando uma espécie de "efeito de mundo pequeno" [21].

Uma ferramenta alternativa e poderosa no estudo de sismos é a chamada rede de epicentros sucessivos que foi originalmente introduzida por Abe e Suzuki em dados sísmicos locais reais [22], subsequentemente usada por Peixoto e Prado [23] em dados sintéticos obtidos usando o modelo OFC na sua forma original e muito recentemente por Ferreira *et al.* [19] para todo o catálogo de sismos da Terra.

Com o objetivo de contribuir para a compreensão da dinâmica sísmica, neste trabalho começámos por estudar a distribuição dos intervalos de tempo entre sismos consecutivos sob o ponto de vista de duas topologias de rede diferentes: regular (que tem uma forma semelhante à do modelo OFC original) e small-world. De seguida, construímos uma rede complexa de epicentros sucessivos a partir de catálogos sintéticos produzidos com o modelo OFC, utilizando tanto a topologia regular como a small-world. Assim, pudemos estudar as caraterísticas da distribuição das conectividades de cada uma das redes de epicentros criadas. Estudámos também os "efeitos de fronteira" presentes em cada uma das topologias, bem como as influências e consequências produzidas pela topologia small-world.

Os nossos resultados foram também comparados com os resultados de estudos anteriores do nosso e de outros grupos, utilizando dados reais e sintéticos.

3.2 O modelo, a topologia e os limites do OFC

Introduzido em 1992 por Olami, Feder e Christensen, o modelo OFC propõe um modelo de autómato celular baseado numa simplificação do modelo de blocos com molas de Burridge e Knopoff (modelo BK) [24]. O modelo OFC pode ser representado por uma rede quadrada bi-dimensional de blocos interligados por molas, em que cada bloco está também ligado através de uma mola a um único prato rígido acionado. Os blocos estão também ligados por atrito a outra placa rígida fixa na qual permanecem. Devido ao movimento relativo entre as placas (imposto no modelo), todos os blocos estarão sujeitos a uma força elástica que tende a pô-los em movimento e a outra força de atrito oposta à primeira. Quando a força resultante num dos blocos é superior à força máxima de atrito estático, o bloco desliza e relaxa para uma posição de força nula, de modo a que haja um rearranjo de forças nos seus primeiros vizinhos, o que pode provocar outros deslizamentos e o surgimento de uma reação em cadeia.

Este modelo é simulado considerando uma rede quadrada L x L com $N = L^2$ sítios, onde a cada sítio com coordenadas (i, j) é atribuído um valor de força $F_{i,j}$. Inicialmente, o valor para cada sítio é escolhido aleatoriamente entre 0 e F_{th}, em que F_{th} é o valor limite para a força de atrito (atrito estático máximo). Os valores das forças nos locais são então aumentados a uma taxa constante, simultânea e uniformemente em toda a rede, ou seja, todos os locais aumentam os valores de $F_{i,j}$ com a mesma velocidade, $dF_{i,j}/dt = v,$ o que pode ser considerado como uma simulação de um carregamento tectónico uniforme. Quando um sítio (i, j) atinge um valor de tensão igual ou superior a F_{th}, tornando-se assim instável, a força $F_{i,j}$ é redistribuída pelos seus vizinhos mais próximos e depois disso é considerada igual a zero, como se pode ver na regra de relaxação que rege quando $F_{i,j} \geq F_{th}$:

$$\begin{aligned} F_{n,n} &\rightarrow F_{n,n} + \alpha F_{i,j} \ , \\ F_{i,j} &\rightarrow 0 \end{aligned} \tag{3.1}$$

onde $F_{n,n}$ são as forças sobre o conjunto (n, n) de primeiros vizinhos do sítio *(i, j)* e α controla a intensidade de dissipação, onde *a* = *1/4* corresponde ao caso conservativo e 0 <a< 1/4 aos casos dissipativos. Neste trabalho estudamos condições de fronteira *abertas*, em que todos os blocos da rede têm o mesmo valor de *a*. Se a redistribuição de forças causar em algum outro local um valor igual ou superior ao limiar F_{th}, o processo de deslizamento e relaxamento será repetido até que todos os

Os locais de sismo estão abaixo deste limite. Quando isto ocorre dizemos que o sismo evoluiu completamente. A energia libertada pelo sismo (também designada por magnitude em alguns trabalhos), medida pela sua dimensão s, será dada pelo número total de deslizamentos de blocos, a partir do deslizamento inicial.

Após a evolução completa de um terramoto, as placas continuam a mover-se uma em relação à outra até que ocorra outro evento. Assim, para encontrar o local no sistema onde se iniciará o próximo sismo, procuramos o local com o maior valor de F (F_{larg}) e adicionamos a diferença F_{th} -F_{larg} aos valores deF em todos os locais, o que fará com que o processo de redistribuição e relaxamento se inicie novamente. É importante salientar que, devido ao intervalo de tempo entre dois eventos sísmicos ser muito superior à duração de um evento, os sismos serão considerados como eventos instantâneos, o que significa que durante o relaxamento do local e consequente redistribuição de forças, considera-se que a condução uniforme pára, ou seja, que não é adicionado qualquer tempo extra durante este processo.

Com base no método de Watts e Strogatz para construir redes [21], uma nova "topologia de mundo pequeno" pode ser usada para a rede no modelo OFC em vez da topologia regular. Esta nova topologia de mundo pequeno tem a sua construção explicada de seguida. Partindo de uma grelha bidimensional regular, em que cada sítio está ligado aos seus vizinhos mais próximos, cada aresta da grelha é aleatoriamente religada com uma probabilidade p, mantendo fixa a conetividade original de cada sítio. Isto significa que, para a ligação i1 - i2 , que liga o sítio i1 a um dos seus vizinhos mais próximos i2 , existe uma probabilidade p de esta ligação ser religada. Se a ligação for escolhida, será selecionada aleatoriamente outra ligação j1 - j2 , que liga o local j1 a um dos seus vizinhos mais próximos j2 , e as ligações i1 - i2 e j1 - j2 serão substituídas pelos pares i1 - j2 e j1 - i2 , respetivamente. O procedimento é então repetido para todas as ligações e o resultado é uma rede que se situa entre uma grelha regular (p = 0) e uma rede aleatória (p = 1), como mostra o exemplo da Figura 3.1 para p = 0,05. Assim, verifica-se que, com este procedimento, é possível criar ligações entre sítios muito distantes numa grelha com topologia regular, simulando assim algum tipo de correlação de longo alcance. É importante notar que, nessa topologia de mundo pequeno, os sítios correlacionados de longo alcance também contribuem para o tamanho do evento e não apenas os vizinhos mais próximos. Para construir uma rede de epicentros, devemos primeiro definir o que será chamado de epicentro no nosso modelo. Analogamente ao que foi feito em [23], definimos como epicentro cada local que inicia uma nova avalanche, independentemente do tamanho desta avalanche. Assim, cada epicentro define um vértice da rede e a criação de arestas seguirá a ordem temporal dos epicentros, ou seja, cada site-epicentro será ligado ao site-epicentro seguinte, formando assim uma rede dirigida de epicentros sucessivos, onde o grau de conetividade k de cada vértice é dado pelo número de arestas que "chegam" e "saem" de cada vértice. Note-se que se dois eventos subsequentes ocorrerem no mesmo local, este vértice está ligado a si próprio por um laço ou auto-aresta. A ocorrência de repetições da mesma sequência de epicentros também é possível, pelo que são permitidos vértices paralelos. Outra caraterística desta rede de epicentros é que, devido ao seu processo de formação, para cada aresta de entrada num determinado vértice haverá uma aresta de saída no mesmo vértice, o que fará com que os valores do grau de conetividade de entrada e de saída em cada local sejam sempre os mesmos, fazendo com que o grau de conetividade global k de todos os vértices da rede seja sempre um número par (as únicas excepções são o primeiro e o último vértices da sequência de epicentros).

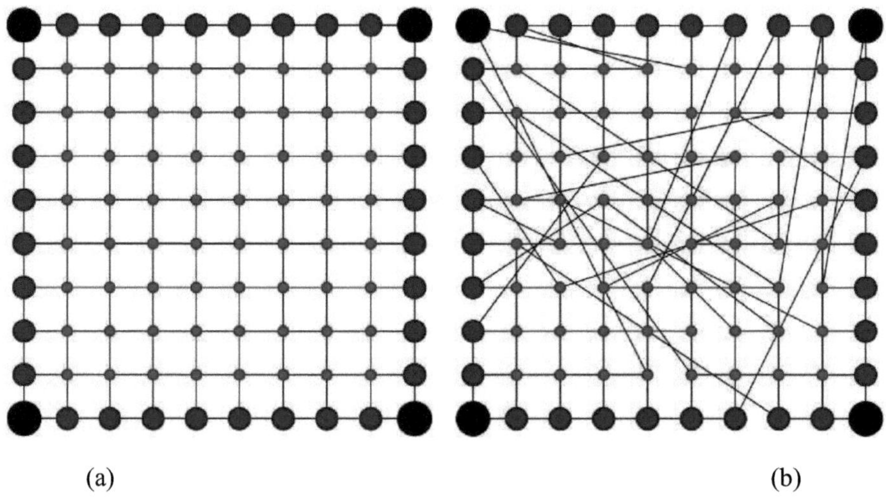

Figura 3.1: Exemplo de uma rede 10 x 10 com condições de fronteira *abertas*, em que cada sítio a preto (tamanho grande), azul (tamanho médio) e vermelho (tamanho pequeno) tem 2, 3 e 4 vizinhos, respetivamente. (a) Topologia regular. (b) Topologia de mundo pequeno com p = 0,05. (Para interpretação das referências a cores na legenda desta figura, remete-se o leitor para a versão web deste artigo.

3.3 Resultados e discussão

Como mencionado anteriormente, neste estudo comparamos os resultados obtidos a partir do modelo OFC usando topologias regulares com os resultados para topologias de mundo pequeno. Estes resultados são também comparados com os resultados obtidos em estudos anteriores utilizando catálogos de sismos reais.

Como referido anteriormente, o modelo OFC assume que ocorre uma variação constante da força em todos os locais do sistema. Além disso, cada evento é considerado como instantâneo, ou seja, o intervalo de tempo entre dois eventos consecutivos é considerado muito maior do que a duração de um único evento. Assim, podemos assumir que a quantidade Fth - Flarg adicionada a todos os locais da rede após a evolução completa de cada sismo é proporcional ao valor do intervalo de tempo entre dois sismos consecutivos, o que nos permite calcular a distribuição dos intervalos de tempo entre eventos consecutivos no nosso modelo. Vamos, portanto, observar o comportamento desta distribuição para o caso em que o modelo OFC é implementado nas topologias regular e small-world. Como referido em [20], no caso do small-world, probabilidades acima do valor $p \simeq 0.1$ provocam um progressivo desaparecimento das leis de potência das distribuições de tamanho dos sismos, pelo que adoptaremos o mesmo valor para a probabilidade de religação que foi utilizado nesse trabalho, i.e., p = 0.006.

A Figura 3.2(a) apresenta a distribuição cumulativa dos intervalos de tempo entre eventos sucessivos para a topologia small-world. O melhor ajuste a esta distribuição é obtido por uma função não tradicional do tipo *q-exponencial*, ou $P(\geq \Delta t) = e_q^{-\beta \Delta t}$, sendo a função *q-exponencial* definida por:

$$e_q^x = \begin{cases} [1+(1-q)x]^{1/(1-q)} & \text{if} \quad [1+(1-q)x] \geq 0 \\ 0 & \text{if} \quad [1+(1-q)x] < 0 \end{cases} \qquad (3.2)$$

em que o limite q $\rightarrow$ 1 recupera a função exponencial padrão. Uma propriedade importante é que, se q > 1, quando $\Delta t \gg [-\beta(1-q)]^{-1}$, a distribuição de probabilidade cumulativa dos intervalos entre eventos pode ser aproximada a uma lei de potência dada por $P(\geq \Delta t) \sim \Delta t^{1/(1-q)}$. É

É de salientar que a distribuição q-exponencial pertence à família das "distribuições de Tsallis" e surge naturalmente da maximização da entropia de Tsallis, que é usada para explicar uma variedade de sistemas complexos onde a mecânica estatística de Boltzmann-Gibbs parece não se aplicar [25]. Estes sistemas possuem caraterísticas como, interação de longo alcance entre os seus elementos e memória temporal de longo alcance, fazendo com que a entropia de Tsallis - e consequentemente as "distribuições de Tsallis" - sejam úteis em diversas áreas como a economia [26-28], a biologia [29], a geofísica [30-33], a astrofísica [34, 35], a física de altas energias [36, 37], entre muitas outras. Chamamos aqui a atenção para o facto de que este resultado tem uma concordância notável com os resultados obtidos em [19], onde foram utilizados catálogos de sismos reais a nível mundial e produziu-se uma distribuição cumulativa de intervalos entre eventos sucessivos obedecendo a uma q-exponencial com índice q = 1,08. Resultados semelhantes foram também obtidos utilizando os catálogos de sismos da Califórnia e do Japão, onde os valores do índice q foram iguais a 1,13 e 1,08, respetivamente [38]. Acrescenta-se a isto o facto adicional de que, tanto para a Califórnia como para o Japão, as funções q-exponenciais também são encontradas em distribuições para distâncias entre sismos sucessivos [39].

A Figura 3.2(b) mostra a distribuição de probabilidade cumulativa encontrada quando se utiliza uma topologia regular com o modelo OFC. Ao ajustar uma função q-exponencial a esta distribuição, pode observar-se que não existe uma boa concordância com os dados, o que significa que, para o caso regular, a distribuição de probabilidade cumulativa dos intervalos entre eventos não pode ser considerada como uma q-exponencial.

Estudámos também a distribuição espacial dos epicentros, ou seja, a forma como os epicentros se distribuem pela rede. No entanto, antes de o fazer, introduzimos aqui o conceito de "camada" como cada conjunto de sítios em que todos os elementos têm a mesma distância à fronteira mais próxima, como mostra o esquema da Figura 3.3.

Na Figura 3.4 temos um mapa de distribuição de epicentros numa topologia regular [Figura 3.4(a)] e numa topologia de mundo pequeno [Figura 3.4(b)]. Observa-se que o efeito de fronteira é mais intenso no caso regular do que no small-world, ou seja, que este efeito atinge um maior número de camadas quando se utiliza uma topologia regular do que quando se utiliza uma small-world. Para obter uma quantidade suficiente para análise estatística, considerámos 8 x 106 eventos após o regime transiente. Além disso, utilizámos apenas os epicentros de sismos com tamanho $s > 1$, devido ao facto de eventos de tamanho igual a 1 parecerem obedecer às suas próprias estatísticas [12].

A diferença quantitativa média na intensidade dos efeitos de fronteira entre as topologias regulares e de mundo pequeno é apresentada na Figura 3.5, que mostra a distribuição do número médio de epicentros que ocorrem em cada local da rede em cada camada.

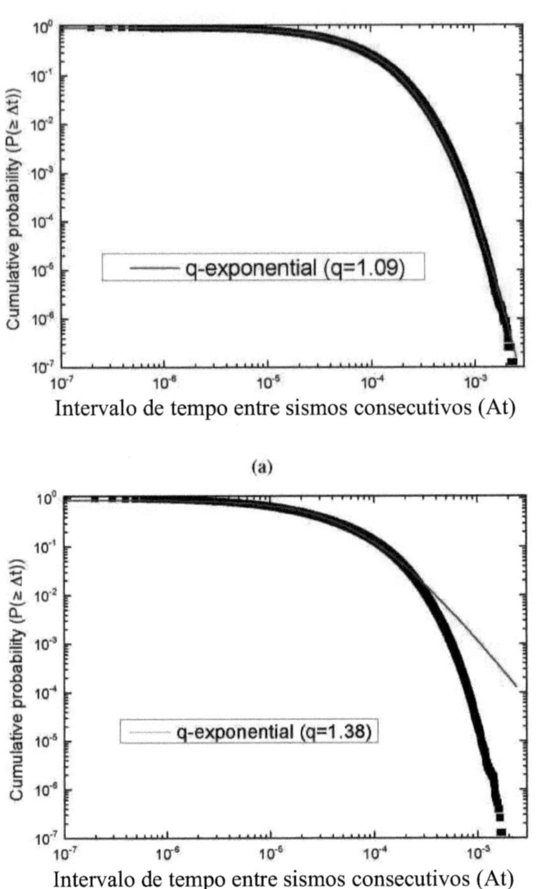

(b)

Figura 3.2: Distribuição da probabilidade acumulada dos intervalos de tempo entre sismos consecutivos usando redes de tamanho L = 200 e *a* = 0,20. As linhas vermelhas sólidas representam ajustamentos às funções q-exponenciais, em que os melhores ajustamentos foram obtidos para (a) q = 1,09 ± 0,01 e ß = 13 711,4 ± 3,0 no caso do mundo pequeno (linha vermelha) e (b) q = 1,38 ± 0,01 e ß = 30 164,6 ± 29,2 no caso regular (linha azul). Neste caso regular também representámos um ajuste utilizando q = 1,09 (linha vermelha) para mostrar a diferença entre o caso regular e o caso de mundo pequeno. Em ambos os casos foram considerados 8 x 106 eventos após o regime transiente e as unidades de tempo são consideradas arbitrárias.

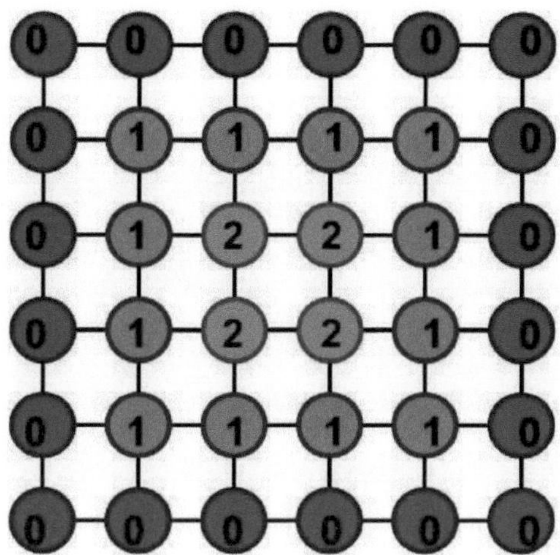

Figura 3.3: Esquema de uma rede 6 x 6 exemplificando três camadas diferentes. Todos os sítios pertencentes à "Camada 0" (vermelho) têm distância à fronteira igual a 0; os sítios pertencentes à "Camada 1" (azul) têm distância à fronteira igual a 1; os sítios pertencentes à "Camada 2" (verde) têm distância à fronteira igual a 2, e assim por diante.

Podemos observar, a partir das Figuras 3.4 e 3.5, que, no caso do mundo pequeno, os efeitos de fronteira se estendem por menos de 20 camadas da grelha, enquanto que, no caso regular, estes efeitos continuam a ser relevantes numa fração muito maior da grelha (mais especificamente, nas primeiras 100 camadas da grelha, tal como referido em [14]). Note-se também que, nestas figuras, a probabilidade utilizada na construção da grelha com topologia de palavras pequenas foi p = 0,006, o que significa que mesmo uma quantidade extremamente pequena de ligações "religadas" é capaz de produzir alterações significativas na dinâmica do sistema.

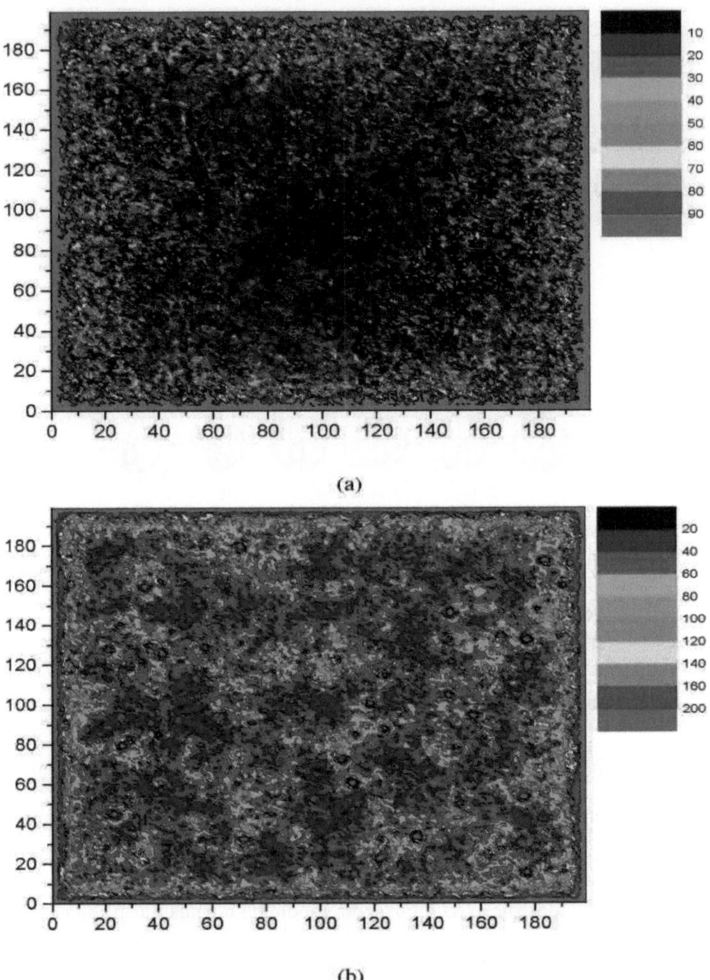

Figura 3.4: Mapa de distribuição de epicentros através de uma rede, i.e., o número de epicentros em cada sítio da rede, para L = 200 com o parâmetro de conservação a = 0.20. Considerámos 8 x 106 eventos após o regime transiente, mas representámos apenas sismos de tamanho s > 1. (a) Estrutura regular, onde podemos ver claramente que o número de epicentros diminui à medida que se afasta das fronteiras. (b) Malha de mundo pequeno com p = 0,006. Os efeitos das fronteiras são menores, porque a partir do número de camadas 20 (aproximadamente) a distribuição dos epicentros é muito mais homogénea.

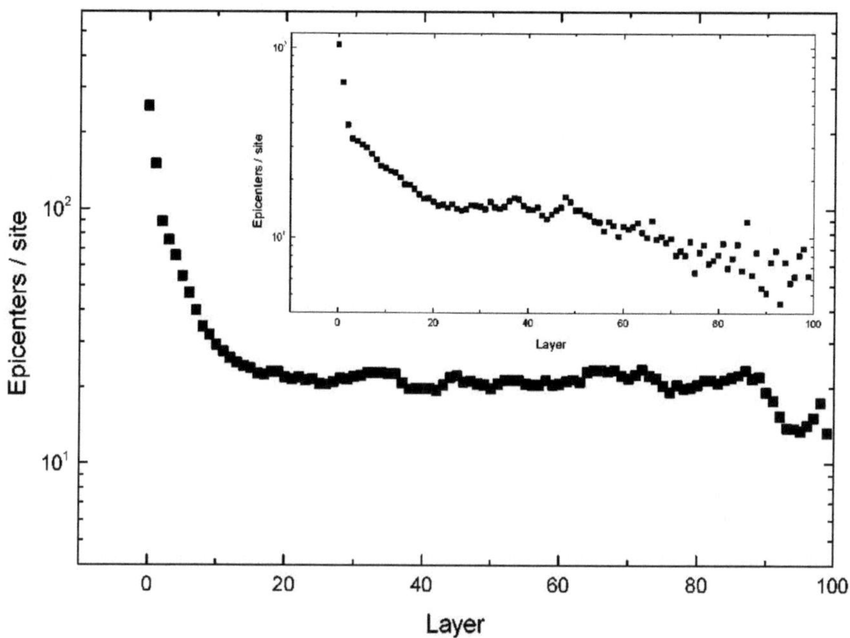

Figura 3.5: Gráfico do número médio de epicentros que ocorrem em cada local por camada numa rede com topologia de palavras pequenas de tamanho L = 200 com parâmetro a = 0,20 e probabilidade p = 0,006. O eixo das abcissas representa o número da camada e o eixo das ordenadas representa o rácio entre o número de epicentros que ocorrem nessa camada e o número de locais existentes na respectiva camada. *Inset*: representa o mesmo gráfico mas numa topologia regular. Em ambos os casos considerámos 8 x 106 eventos após o regime transiente mas utilizámos apenas sismos com s > 1.

Para avaliar a influência do parâmetro p na rede medimos primeiro a relação deste parâmetro com o *comprimento médio do caminho* (ℓ) da rede (semelhante ao que foi efectuado em [20]) e também com o *diâmetro* (d) da rede (para mais explicações sobre o *comprimento médio do caminho* e *o diâmetro* de uma rede ver [40]). Os resultados são apresentados na Figura 3.6, onde se pode ver claramente que tanto ℓ como d diminuem significativamente com o aumento da probabilidade p. Mas a partir de p = 0,1 nota-se que o aumento da probabilidade não tem praticamente qualquer influência no *comprimento médio do caminho* e no *diâmetro* da rede.

Além disso, investigámos a forma como a probabilidade de religação p influencia o efeito de fronteira. A partir da Figura 3.7 é possível notar que à medida que a rede se torna mais "mundo pequeno", com o aumento do valor de p, o efeito de borda diminui. É possível notar que mesmo valores muito pequenos de probabilidade são capazes de produzir reduções significativas no efeito de borda, quando comparados ao caso regular.

Antes de introduzirmos os nossos resultados relativos às propriedades scale-free da rede de epicentros, obtidos a partir do modelo, é importante realçar o resultado obtido num estudo anterior utilizando dados reais do catálogo global de sismos (disponível em http://quake.geo.berkeley.edu/anss) que abrange sismos com magnitude superior a 4,5 (na escala de Richter) em todo o globo.

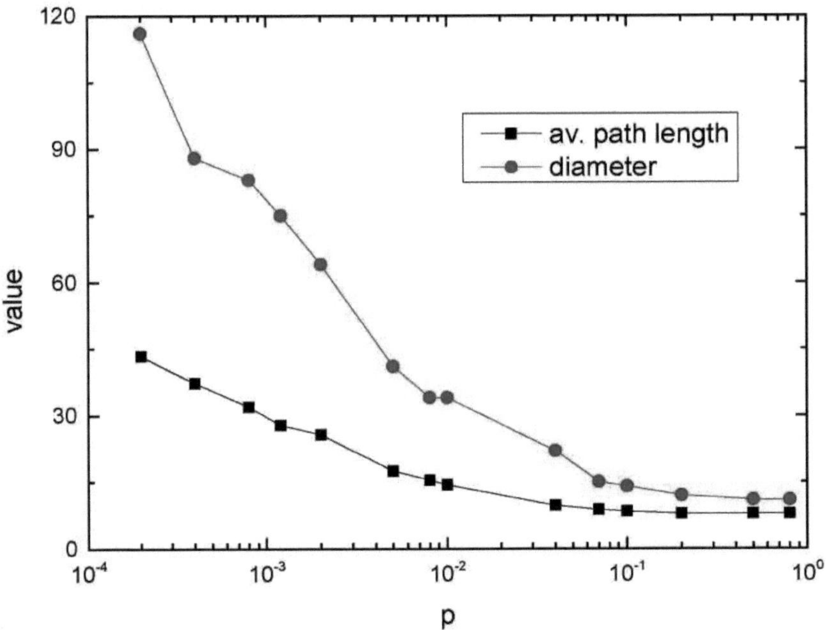

Figura 3.6: Valores de diâmetro (círculos vermelhos) e *comprimento médio do caminho* (quadrados pretos) de uma rede com topologia de mundo pequeno devido à probabilidade de religação p. Usámos L = 100 e o parâmetro conservador a = 0,20. É importante notar que o resultado para o *comprimento médio do trajeto* já é conhecido [20].

Em [41] os autores criaram uma rede de epicentros utilizando um modelo de janela temporal capaz de captar as caraterísticas de small-world presentes nestas redes de epicentros. Assim, verificou-se que a distribuição de conectividades para os sítios-epicentros, tem propriedades scalefree e obedece a uma função do tipo *q-Gaussiana*, $f(x)=$

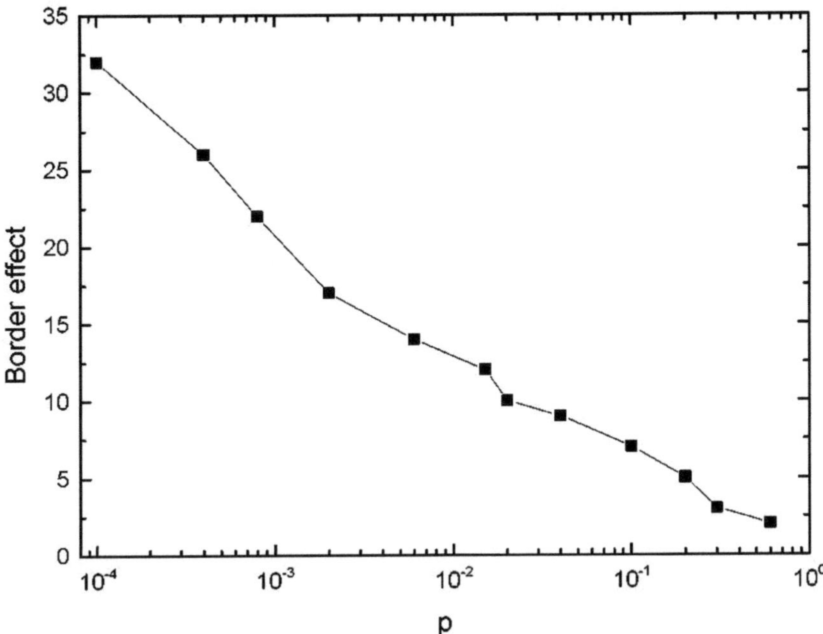

Figura 3.7: Relação entre os efeitos de fronteira e a probabilidade de religação p numa topologia de mundo pequeno para uma rede com tamanho L = 100 e a = 0,20. A ordenada indica a camada a partir da qual o efeito de fronteira deixa de estar presente, ou seja, quando o número médio de epicentros em cada local por camada se torna aproximadamente constante. Foram considerados 6 x 106 eventos após o regime transiente.

$$A[1-(1-q)\alpha x^2]^{1/(1-q)} \equiv Ae_q^{-\alpha x^2}$$

(que também pertence à família das distribuições de Tsallis), em que e_q^x é a função *q-exponencial*. A distribuição de probabilidade q-Gaussiana é uma generalização da curva Gaussiana, sendo dependente dos parâmetros A, a e do expoente q , onde o limite q ^ 1 recupera a distribuição Gaussiana padrão. No limite de grandes valores de x obtém-se novamente a aproximação da lei de potência.

No nosso trabalho, usamos o modelo descrito anteriormente para gerar catálogos de dados sintéticos e depois construímos sucessivas redes de epicentros dirigidos para as topologias estudadas: regular e mundo pequeno (com p = 0,006), para obter a distribuição de conetividade dos vértices de cada rede.

No entanto, para manter o sistema simulado tão pequeno quanto possível, para minimizar os efeitos de fronteira e para evitar também problemas relacionados com sismos de pequena dimensão, considerámos epicentros ocorridos em camadas de ordem 20 ou superior [13, 14] e considerámos apenas os sismos de dimensão 50 ou superior.

O resultado deste procedimento é que, usando as mesmas condições, a distribuição obtida usando topologias small-world é diferente da obtida usando topologias regulares. Como pode ser visto na Figura 3.8(a), onde utilizámos a topologia small-world, a distribuição cumulativa das conectividades segue uma q-Gaussiana com q = 1.65 ± 0.01, que pode ser aproximada, por uma lei de potência $P(\geq k) \sim k^{-\delta}$ com δ = -3.00, para conectividades k > 12.

Para o caso regular mostrado na Figura 3.8(b), não ocorre o mesmo, uma vez que a distribuição não tem uma boa concordância com a função q-Gaussiana, e da mesma forma, a aproximação da lei de potência torna-se imprecisa, ilustrada pelo facto de que para o intervalo em que a q-Gaussiana se comporta como uma lei de potência há um mau ajuste entre os dados e a função ajustada. Em [14] os autores utilizaram a topologia regular e encontraram uma aproximação às leis de potência acima de um certo valor de conetividade, mas para isso são necessárias redes muito maiores. No nosso estudo, apenas foram necessárias redes de tamanho L = 200. Deve-se notar também que o q-Gaussiano encontrado no caso do mundo pequeno concorda qualitativamente com o resultado obtido em [41] para uma rede de epicentros construída a partir de dados reais. Outra semelhança interessante é que a distribuição q-Gaussiana também surge quando se analisa a diferença de magnitudes entre sismos sucessivos, tanto para dados reais como para dados sintéticos criados a partir do modelo OFC com topologia small-world, tal como referido em [42].

3.4 Conclusões

No presente trabalho foram realizadas comparações entre resultados obtidos através do uso de catálogos produzidos pelo modelo OFC para topologias de mundo regular e pequeno. Primeiramente, foi feito um estudo do intervalo de tempo entre eventos consecutivos, obtendo-se assim as distribuições dos intervalos entre eventos. Observou-se que o caso small-world está em estreita concordância com os resultados obtidos através da utilização de catálogos de dados reais ao redor do mundo, considerando que ambos os casos apresentam distribuições seguindo exponenciais q.

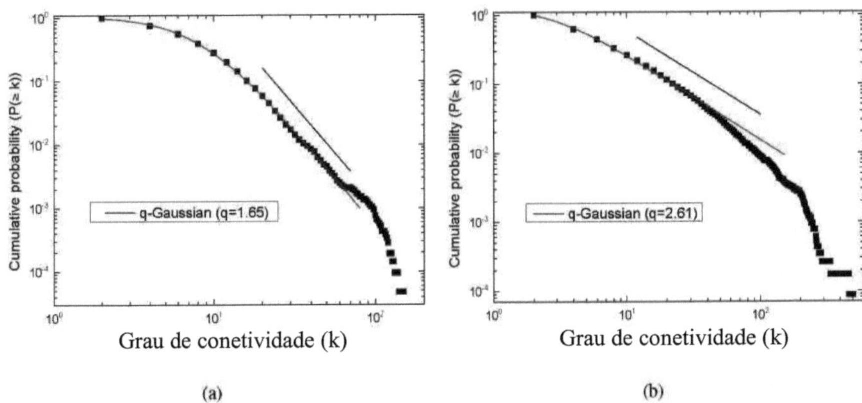

Figura 3.8: Distribuição cumulativa de conectividades para redes de tamanho L = 200 com a = 0,20. As estatísticas foram efectuadas em 8 x 106 eventos após o regime transiente, mas foram utilizados apenas sismos de tamanho s > 50. (a) Topologia de mundo pequeno com p = 0,006. A linha vermelha sólida representa um ajuste a uma função gaussiana q- com melhor ajuste obtido para q = 1,65 ± 0,01 e ß = 2,211 x 10^{-2} ± 3,2 x 10-4. A linha sólida preta serve de guia para os olhos e tem declive igual a -3,00. O número de vértices desta rede de epicentros é igual a 21 157 e o número de arestas 162 992. (b) Topologia regular. A linha vermelha sólida representa um ajuste a uma função q-Gaussiana com o melhor ajuste obtido para q = 2,61±0,01 e ß = 7,673 x 10^{-2} ± 23,8 x 10-4. Para mostrar a diferença entre o caso regular e o caso do mundo pequeno, representámos também um ajuste utilizando q = 1,65 (linha vermelha). A linha sólida preta serve de guia para os olhos e tem um declive igual a -1,22. O número de vértices desta rede de epicentros é igual a 11 642 e o número de arestas 116 560.

O mesmo não ocorre quando usamos a topologia regular, pois a distribuição obtida neste caso não tem bom ajuste a uma exponencial q. Após isso, estudamos a influência da topologia da rede no efeito de borda, ou seja, na forma como os epicentros são distribuídos na rede, onde observamos que no mundo pequeno, mesmo para pequenas probabilidades de religamento (p), a intensidade do efeito de borda é consideravelmente menor do que no caso regular. Além disso, foi confirmada a influência da probabilidade p nas medidas de *comprimento médio de caminho* e *diâmetro* da rede, onde se pode observar que ambas as caraterísticas apresentam uma rápida queda para $p < 0,1$, enquanto que, para $p > 0,1$ permanecem aproximadamente constantes. Além disso, construímos redes de epicentros sucessivos e observamos que, no caso do mundo pequeno, a distribuição das conectividades dos vértices segue uma q-Gaussiana, e pode ser aproximada por uma lei de potência para conectividades maiores que 12. Mais uma vez, temos uma concordância com os resultados obtidos para catálogos sísmicos reais em todo o mundo porque, de forma semelhante, a distribuição das conectividades também obedece a q-Gaussianas que são aproximadas por leis de potência para valores mais elevados de conetividade. Salientamos o facto de que, para o caso de uma topologia regular, o ajuste a uma q-Gaussiana não é satisfatório, nem a aproximação da lei de potência. A partir dos nossos resultados, pode verificar-se que os dados sintéticos gerados usando o modelo OFC com topologia de mundo pequeno têm uma melhor concordância com os resultados obtidos a partir de dados reais do que o modelo OFC com topologia regular, o que reforça a ideia de que a Terra se comporta como um sistema crítico auto-organizado e contribui para a conjetura de possíveis relações espaciais e temporais de longo alcance no espaço e no tempo entre sismos distantes.

3.5 Agradecimentos

A.R.R.P agradece ao CNPq (Fundação Brasileira de Ciência) pela sua bolsa de produtividade.

Observações finais

Neste ensaio, utilizamos os conhecimentos e as teorias da física estatística para estudar as questões sísmicas no âmbito dos fenómenos críticos, chegando assim às seguintes conclusões.

Trabalhos anteriores ao nosso evidenciaram que ao construir uma rede complexa de epicentros sucessivos com dados obtidos de catálogos de sismos para certas regiões específicas do planeta (por exemplo: Califórnia, Japão e Irão) a distribuição da conetividade da rede é dada por uma lei de potência e que essa rede tinha caraterísticas de mundo pequeno. O modelo de construção da rede foi alargado por nós para todo o mundo. Ao analisar os resultados desta rede, observou-se que esta rede global também tinha caraterísticas de mundo pequeno, mas verificou-se que a distribuição da conetividade não tem um comportamento de lei de potência, mas sim de lei de potência com um corte exponencial. Além disso, ao realizar uma distribuição de probabilidade cumulativa, é possível notar que mesmo para casos locais a distribuição não pode ser considerada como uma lei de potência pura, considerando que os dados têm um melhor ajuste também como uma lei de potência com corte exponencial.

Outro ponto interessante é o facto de termos encontrado uma distribuição dos intervalos de tempo entre sismos locais e globais sucessivos que obedece a distribuições q-exponenciais. O aparecimento destas q-exponenciais leva-nos a colocar os fenómenos sísmicos no contexto da Mecânica Estatística Não-Extensiva, onde estas distribuições surgem naturalmente quando se lida com a entropia de Tsallis em vez da entropia padrão de Gibbs-Boltzmann.

Com o objetivo de dar maior credibilidade à ideia de criticalidade nos fenómenos sísmicos, utilizou-se o modelo OFC para calcular a distribuição dos intervalos de tempo entre sismos sucessivos e também para construir redes de epicentros. Os estudos foram efectuados a partir de duas topologias distintas: regular e small-world, onde se observou que o caso small-world, para além de apresentar menores efeitos de fronteira que o caso regular, tem uma notável correlação com os resultados obtidos para sismos reais.

Devido à presença de propriedades scale-free e caraterísticas small-world nos epicentros da rede, somadas ao surgimento de uma distribuição pertencente à "família de distribuições de Tsallis", e também à concordância entre os resultados obtidos para o modelo OFC com topologia smallworld e os dados reais, pode-se concluir que os resultados deste ensaio reforçam a conjetura em que a Terra se apresenta como um sistema crítico auto-organizado e ainda contribuem para a idéia de possíveis correlações temporais e espaciais de longo alcance entre terremotos distantes.

Entre as perspectivas futuras deste trabalho, podemos mencionar a implementação de um modelo de "janela de tempo" para o problema sísmico e para outros problemas geofísicos onde ocorrem problemas relacionados com a falta de dados; um modelo de janela de tempo pode tornar o problema da lacuna de dados mais insignificante.

Bibliografia

1.A.-L. Barabási e R. Albert, "Emergence of scaling in random networks," *Science,* vol. 286, no. 5439, pp. 509-512, 1999.

2.S. Abe e N. Suzuki, "Law for the distance between successive earthquakes," *Journal Geophys. Res.*, vol. 108, no. B2, p. 2113, 2003.

3.S. Abe e N. Suzuki, "Scale-free statistics of time interval between successive earthquakes," *Physica A*, vol. 350, no. 2, pp. 588-596, 2005.

4.A. H. Darooneh e C. Dadashinia, "Analysis of the spatial and temporal distributions between successive earthquakes: Nonex- tensive statistical mechanics viewpoint," *Physica A*, vol. 387, no. 14, pp. 3647-3654, 2008.

5. A. H. Darooneh e A. Mehri, "A nonextensive modification of the gutenberg-richter law:*q-stretched* exponential form," *Physica A*, vol. 389, no. 3, pp. 509-514, 2010.

6. F. Vallianatos e P. Sammonds, "Evidence of non-extensive statistical physics of the lithospheric instability approaching the 2004 sumatran-andaman and 2011 honshu mega-earthquakes," *Tectonophysics*, vol. 590, pp. 52-58, 2013.

7. C. Tsallis, "Possible generalization of boltzmann-gibbs statistics," *J. Stat. Phys.*, vol. 52, no. 1, pp. 479-487, 1988.

8. S. Abe e N. Suzuki, "Complex-network description of seismicity," *Nonlin. Processes Geophys*, vol. 13, no. 2, pp. 145-150, 2006.

9. S. Abe e N. Suzuki, "Scale-free network of earthquakes," *Europhys. Lett.*, vol. 65, no. 4, pp. 581-586, 2004.

10. S. Abe e N. Suzuki, "Small-world structure of earthquake network," *Physica A*, vol. 337, no. 1, pp. 357-362, 2004.

11. D. J. Watts, "Networks, dynamics, and the small-world phenomenon", *American Journal of Sociology*, vol. 105, no. 2, pp.493-527, 1999.

12. S. Abe, "Geometry of escort distributions," *Physical Review E*, vol. 68, no. 3, p. 031101, 2003.

13. M. E. J. Newman, "Spread of epidemic disease on networks", *Physical Review E*, vol. 66, no. 1, p. 016128, 2002.

14. P. Divakarmurthy, P. Biswas, e R. Menezes, "A temporal analysis of geographical distances in computer science collaborations," in *IEEE third international conference on Privacy, security, risk and trust (Passat) and 2011 IEEE third international conference on social computing (SocialCom)*, pp. 657-660, IEEE, 2011.

15. R. K. Pan, K. Kaski, e S. Fortunato, "World citation and collaboration networks: uncovering the role of geography in science," *Scientific reports*, vol. 2, 2012.

16. S. Venugopal, E. Stoner, M. Cadeiras, e R. Menezes, "Understanding organ transplantation in the usa using geographical social networks," *Social Network Analysis and Mining,* pp. 1-17, 2012.

17. D. Pasten, S. Abe, V. Munoz, e N. Suzuki, "Scale-free and small-world properties of earthquake network in chile," *arXiv preprint arXiv:1005.5548*, 2010.

18. L. A. Amaral, A. Scala, M. Barthelemy, e H. E. Stanley, "Classes of small-world networks," *Proc. Natl. Acad. Sci.*, vol. 97, pp. 11149-11152, Out. 2000.

19. M. E. J. Newman, "The structure of scientific collaboration networks," *Proc. Natl. Acad. Sci.*, vol. 98, no. 2, pp. 404-409, 2001.

20. A. Barrat, M. Barthelemy, R. Pastor-Satorras, e A. Vespignani, "The architecture of complex weighted networks," *Proceedings of the National Academy of Sciences of the United States of America*, vol. 101, no. 11, pp. 3747-3752, 2004.

21. U. Brandes, "A faster algorithm for betweenness centrality," *Journal of Mathematical Sociology*, vol. 25, no. 2, pp. 163-177, 2001.

22. G. Papadakis, F. Vallianatos, e P. Sammonds, "Evidence of nonextensive statistical physics behavior of the hellenic subduction zone seismicity," *Tectonophysics,* vol. 608, pp. 1037-

1048, 2013.

23. G. Michas, F. Vallianatos, and P. Sammonds, "Non-extensivity and long-range correlations in the earthquake activity at the west corinth rift (greece).", *Nonlinear Processes in Geophysics*, vol. 20, no. 5, 2013.

24. F. Vallianatos, G. Michas, G. Papadakis, and A. Tzanis, "Evidence of non-extensivity in the seismicity observed during the 2011-2012 unrest at the santorini volcanic complex, greece.", *Natural Hazards & Earth System Sciences*, vol. 13, no. 1, 2013.

25. F. Vallianatos, G. Michas, G. Papadakis, and P. Sammonds, "A non-extensive statistical physics view to the spatiotemporal properties of the june 1995, aigion earthquake (m6. 2) aftershock sequence (west corinth rift, greece)," *Ata Geophysica*, vol. 60, no. 3, pp. 758-768, 2012.

26. S. Thurner e C. Tsallis, "Nonextensive aspects of selforganized scale-free gas-like networks", *Europhys. Lett.*, vol. 72, no. 2, p. 197, 2005.

27. D. J. Soares, C. Tsallis, A. M. Mariz, and L. R. da Silva, "Preferential attachment growth model and nonextensive statistical mechanics," *Europhys. Lett.*, vol. 70, no. 1, p. 70, 2005.

28. P. Bak, C. Tang, e K. Wiesenfeld, "Self-organized criticality: an explanation of 1/f noise.", *Physical Review Letters*, vol. 59, no. 4, pp. 381-384, 1987.

29. K. Linkenkaer-Hansen, V. V. Nikouline, J. M. Palva, e R. J. Il- moniemi, "Long-range temporal correlations and scaling behavior in human brain oscillations," *The Journal of Neuroscience*, vol. 21, no. 4, pp. 1370-1377, 2001.

30. R. N. Mantegna e H. E. Stanley, "Scaling behaviour in the dynamics of an economic index," *Nature*, vol. 376, no. 6535, pp. 46-49, 1995.

31. M. Nurujjaman e A. Sekar Iyengar, "Realization of soc behavior in a dc glow discharge plasma," *Physics Letters A*, vol. 360, no. 6, pp. 717-721,2007.

32. Z. Olami, H. J. S. Feder, e K. Christensen, "Self-organized criticality in a continuous,

nonconservative cellular automaton modeling earthquakes," *Physical Review Letters*, vol. 68, no. 8, p. 1244, 1992.

33. B. Gutenberg e C. F. Richter, "Earthquake magnitude, intensity, energy, and acceleration (second paper)," *Bulletin of the Seismological Society of America*, vol. 46, no. 2, pp. 105-145, 1956.

34. F. Omori e J. Coll, "On the aftershocks of earthquakes," *Sci. Imp. Univ. Tokyo*, vol. 7, pp. 111-200, 1894.

35. J. X. De Carvalho e C. P. Prado, "Criticalidade auto-organizada no modelo Olami-Feder-Christensen," *Physical Review Letters*, vol. 84, no. 17, p. 4006, 2000.

36. S. Lise e M. Paczuski, "Self-organized criticality and universality in a nonconservative earthquake model," *Physical Review E*, vol. 63, no. 3,p. 036111, 2001.

37. K. Christensen e Z. Olami, "Scaling, phase transitions, and nonuniversality in a self-organized critical cellular-automaton model," *Physical Review A*, vol. 46, no. 4, p. 1829, 1992.

38. K. Christensen e Z. Olami, "Variation of the Gutenberg-Richter b values and nontrivial temporal correlations in a spring-block model for earthquakes," *Journal of Geophysical Research: Solid Earth (1978-2012),* vol. 97, no. B6, pp. 8729-8735, 1992.

39. P. Grassberger, "Efficient large-scale simulations of a uniformly driven system," *Physical Review E*, vol. 49, no. 3, p. 2436, 1994.

40. S. Lise e M. Paczuski, "Scaling in a nonconservative earthquake model of self-organized criticality," *Physical Review E*, vol. 64, no. 4, p. 046111, 2001.

41. T. P. Peixoto and C. P. Prado, "Network of epicenters of the Olami-Feder-Christensen model of earthquakes," *Physical Review E*, vol. 74, no. 1, p. 016126, 2006.

42. L. Crescentini, A. Amoruso, and R. Scarpa, "Constraints on slow earthquake dynamics from a swarm in central italy," *Science*, vol. 286, no. 5447, pp. 2132-2134, 1999.

43. T. Parsons, "Decaimento global da lei Omori de terramotos desencadeados: Large aftershocks

outside the classical aftershock zone," *Journal of Geophysical Research: Solid Earth (1978-2012)*, vol. 107, no. B9, pp. ESE-9, 2002.

44. M. S. Mega, P. Allegrini, P. Grigolini, V. Latora, L. Palatella, A. Rapisarda, e S. Vinciguerra, "Power-law time distribution of large earthquakes," *Physical Review Letters*, vol. 90, no. 18, p. 188501, 2003.

45. P. Varotsos, N. Sarlis, H. Tanaka, e E. Skordas, "Similarity of fluctuations in correlated systems: The case of seismicity," *Physical Review E*, vol. 72, no. 4, p. 041103, 2005.

46. D. S. R. Ferreira, A. R. R. Papa, e R. Menezes, "Small world picture of worldwide seismic events," *Physica A: Statistical Mechanics and its Applications - DOI: 10.1016/j.physa.2014.04.024*, 2014.

47. F. Caruso, V. Latora, A. Pluchino, A. Rapisarda, e B. Tadic, "Olami-Feder-Christensen model on different networks," *The European Physical Journal B-Condensed Matter and Complex Systems*, vol. 50, no. 1-2, pp. 243-247, 2006.

48. D. J. Watts e S. H. Strogatz, "Collective dynamics of "smallworld" networks", *Nature*, vol. 393, no. 6684, pp. 440-442, 1998.

49. S. Abe e N. Suzuki, "Scale-free network of earthquakes," *Europhys. Lett.*, vol. 65, no. 4, pp. 581-586, 2004.

50. T. P. Peixoto e C. P. Prado, "Distribution of epicenters in the Olami-Feder-Christensen model," *Physical Review E*, vol. 69, no. 2, p. 025101, 2004.

51. R. Burridge e L. Knopoff, "Model and theoretical seismicity," *Bulletin of the Seismological Society of America*, vol. 57, no. 3, pp. 341-371, 1967.

52. C. Tsallis, "Possible generalization of Boltzmann-Gibbs statistics," *Journal of Statistical Physics*, vol. 52, no. 1-2, pp. 479-487, 1988.

53. L. Borland, "Option pricing formulas based on a non-gaussian stock price model," *Physical Review Letters*, vol. 89, no. 9, p. 098701, 2002.

54. S. D. Queirós, "On the emergence of a generalised gamma distribution. application to traded volume in financial markets," *EPL (Europhysics Letters)*, vol. 71, no. 3, p. 339, 2005.

55. J. Ludescher, C. Tsallis, and A. Bunde, "Universal behaviour of interoccurrence times between losses in financial markets: An analytical description," *EPL (Europhysics Letters)*, vol. 95, no. 6, p. 68002, 2011.

56. F. Tamarit, S. Cannas, e C. Tsallis, "Sensitivity to initial conditions in the Bak-Sneppen model of biological evolution," *The European Physical Journal B-Condensed Matter and Complex Systems,* vol. 1, no. 4, pp. 545-548, 1998.

57. C. S. Barbosa, D. S. Ferreira, M. A. do Espírito Santo, and A. R. Papa, "Statistical analysis of geomagnetic field reversals and their consequences," *Physica A: Statistical Mechanics and its Applications*, vol. 392, no. 24, pp. 6554-6560, 2013.

58. F. Vallianatos e P. Sammonds, "Evidence of non-extensive statistical physics of the lithospheric instability approaching the 2004 Sumatran-Andaman and 2011 Honshu mega-earthquakes," *Tectonophysics*, vol. 590, pp. 52-58, 2013.

59. G. Balasis, I. A. Daglis, A. Anastasiadis, C. Papadimitriou, M. Mandea, e K. Eftaxias, "Universality in solar flare, magnetic storm and earthquake dynamics using Tsallis statistical mechanics," *Physica A: Statistical Mechanics and its Applications*, vol. 390, no. 2, pp. 341-346, 2011.

60. A. H. Darooneh e A. Mehri, "A nonextensive modification of the Gutenberg-Richter law: q-stretched exponential form," *Phys- ica A: Statistical Mechanics and its Applications*, vol. 389, no. 3, pp. 509-514, 2010.

61. G. Livadiotis, D. McComas, M. Dayeh, H. Funsten, e N. Schwadron, "First sky map of the inner heliosheath temperature using ibex spectra," *The Astrophysical Journal*, vol. 734, no. 1,p. 1, 2011.

62. A. Esquivel and A. Lazarian, "Tsallis statistics as a tool for studying interstellar turbulence," *The Astrophysical Journal*, vol. 710, no. 1,p. 125, 2010.

63. G. Aad, B. Abbott, J. Abdallah, A. Abdelalim, A. Abdesselam, O. Abdinov, B. Abi, M. Abolins, H. Abramowicz, e H. Abreu, "Charged-particle multiplicities in pp interactions measured with the atlas detetor at the lhc," *New Journal of Physics*, vol. 13, no. 5, p. 053033, 2011.

64. A. Gurtu, "Transverse-momentum and pseudorapidity distributions of charged hadrons in pp collisions at $\sqrt{s}$ *=7 TeV,*" *Phys*

65. *ical Review Letters*, vol. 105, no. 2, pp. 022002_1-022002_14, 2010.

66. S. Abe e N. Suzuki, "Scale-free statistics of time interval between successive earthquakes," *Physica A: Statistical Mechanics and its Applications*, vol. 350, no. 2, pp. 588-596, 2005.

67. S. Abe e N. Suzuki, "Law for the distance between successive earthquakes," *Journal of Geophysical Research: Solid Earth (1978-2012)*, vol. 108, no. B2, 2003.

68. R. Albert e A.-L. Barabási, "Statistical mechanics of complex networks," *Reviews of Modern Physics*, vol. 74, no. 1, p. 47, 2002.

69. D. S. R. Ferreira, A. R. R. Papa, e R. Menezes, "Towards evidences of long-range correlations in seismic activities", *a publicar*.

70. F. Caruso, A. Pluchino, V. Latora, S. Vinciguerra, e A. Rapisarda, "Analysis of self-organized criticality in the Olami-Feder-Christensen model and in real earthquakes," *Physical Review E*, vol. 75, no. 5, p. 055101, 2007.

Printed by Books on Demand GmbH, Norderstedt / Germany